Modern Algebra

近世代数

主 编◎郭 茜 吴桂康

华东师范大学出版社

编写委员会

前言

代数学是数学中最重要的、基础的分支之一.代数学的历史悠久,它随着数学本身的发展和应用、科学技术的进步和需要而产生和发展.在这个过程中,代数学的研究对象和研究方法发生了重大的变化,并在初等代数学的基础上产生和发展了近世代数学,即抽象代数学.它是一种带有运算的集合,即以代数系统为研究对象的一门学科.这样,从一般的集合出发,研究各种运算的性质,就具有非常重要的意义,因为它的结论和方法不仅可以渗透到数学的各个领域,而且在其他学科,例如在化学、物理、编码和计算机等理论中都有重要应用.

同构、群、环和域等基本概念对于大多数大学生来说都是新的,因此在概念的引入和定理的证明上,本书尽量采用通俗的语言和形象化的方法来表达,并辅以生动的例子,抽出若干最常用的代数系统,如整数加群、对称群 S_n、GL_n、整数环、多项式环、有理数(实数、复数)域等,将代数语言以它们为背景展示出来,并不计较多次返回同样的议题或者同一个例子,同时顾及从高中到大学的过渡,让基本的代数结构自然地产生.

本书是作者在长期的近世代数教学实践的基础上,参考国内外大量相关教材、专著、文献编写而成的.全书共五章,第 1 章介绍基本概念,是全书的基础;第 2 章和第 3 章介绍群、环、域理论,包括子系统、商系统和同态同构等,同时介绍了具体的群、环和域,是本书的核心内容;第 4 章介绍整环里的因式分解论,并由此介绍了两个特殊的环类——主理想整环和欧式环;第 5 章主要介绍了扩域,特别是有限扩域和有限域.同时,为了提高学生的解题能力,加强实训练习,每章后配有一定数量的习题供学生练习.

本书可作为师范院校和综合大学数学专业学生的教材和参考书,亦可作为其他数学爱好者和工程技术人员的参考书.在采用本书作为教材时,教师可根据实际情况作适当的取舍.本书由成都师范学院郭茜、吴桂康主编.具体分工如下:郭茜编写第一章至第三章;吴桂康编写第四章和第五章;全书由郭茜负责统稿.

本书的编写得到了成都师范学院数学学院的支持和帮助,参加教材审查会的同志们对本书亦提出了不少宝贵意见,在此我们一并表示衷心感谢!

限于编者水平,书中错漏难免,我们希望大家在使用的同时不断提出意见,以便今后写出高质量的教材.

编　者

2018.09

目录

第 1 章 基本概念

一个集合,如果含有一种或数种运算,即是带有运算的集合,就称它是一个代数系统. 而近世代数就是研究各种抽象的代数系统的一门学科,因此,我们常常把近世代数也称做抽象代数. 近世代数所研究的内容极为丰富和广泛.不仅对数学本身产生重要影响和应用,而且对其他学科也有重要影响和应用.

本书主要介绍近世代数中最基本的代数系统——群、环、域的基本的概念和理论. 在这一章里,我们先介绍一些基本概念,它是全书的基础.

§1 集 合

集合的概念是数学中最基本的概念之一,在中学里,已经接触过集合的有关知识,这里只是进行一些复习和补充.

定义1

若干个(有限或无限多个)固定事物的全体称为一个**集合**(简称**集**),通常用大写拉丁字母 A, B, C, …来表示;而组成一个集合的事物称为这个集合的**元素**(有时简称**元**),通常用小写拉丁字母 a, b, c, …来表示.

若 a 是集合 A 的元素,则称 a **属于** A,记为 $a \in A$;若 a 不是集合 A 的元素,则称 a **不属于** A,记为 $a \notin A$.

例如,一个班级的全体学生就是一个集合,而这个班级的每一个学生就是这个集合的元素.

通常,我们用 **N** 来表示全体自然数组成的集合,用 **Z** 来表示全体整数组成的集合,用 **Q** 来表示全体有理数组成的集合,用 **R** 来表示全体实数来组成的集合,用 **C** 来表示全体复数组成的集合.

集合的表示方法一般有两种：

一种是列举法：把集合的全部元素一一列举出来，并用花括号"{ }"括起来表示.如集合 A 由元素 $a,b,c,\cdots$ 组成，则表示为 $A=\{a,b,c,\cdots\}$.

另一种是描述法：利用集合所含元素的共同特征，采用条件限制的方式来表示这个集合.如 $A=\{x\mid x\in Z,x^2=1\}$.

一个集合 A 所含元素的个数记为 $|A|$.当 A 中含有有限个元素 n 时，则称 A 为**有限集**，记为 $|A|=n$；否则称 A 为**无限集**，记为 $|A|=\infty$.

定义2

设 A，B 是两个集合，若 B 的每一个元都属于 A，则称 B 是 A 的**子集**，记为 $B\subseteq A$（或 $A\supseteq B$）.

定义3

把不含任何元素的集合称为**空集合**（简称**空集**），记为 $\varnothing$；并规定：**空集是任何一个集合的子集**.

定义4

若集合 A 和集合 B 所包含的元是完全一样的，则称 A 和 B **相等**，记为 $A=B$.
显然

$$A=B\Leftrightarrow A\subseteq B,B\subseteq A.$$

定义5

若集合 $B\subseteq A$，但存在元 $x\in A$，且 $x\notin B$，则称集合 B 是集合 A 的**真子集**，记为 $B\subsetneqq A$（或 $A\supsetneqq B$）.

定义6

设 A,B 是两个集合，则由所有属于 A 且属于 B 的元组成的集合称为 A 和 B 的**交集**（简称**交**），记为 $A\bigcap B$，即 $A\bigcap B=\{x\mid x\in A$ 且 $x\in B\}$.

例1 设 A 是全体奇数组成的集合，而 B 是全体小于9的正整数组成的集合，那么

$$A\bigcap B=\{1,3,5,7\}.$$

定义7

设 A,B 是两个集合，则由所有属于 A 和 B 的元组成的集合称为 A 和 B 的**并集**（简称**并**），记为 $A\bigcup B$，即 $A\bigcup B=\{x\mid x\in A$，或 $x\in B\}$.

例2 设集合 $A=\{x\mid -1<x<1\}$，集合 $B=\{x\mid 0<x<2\}$，则

$$A\bigcup B=\{x\mid -1<x<2\}.$$

对于两个以上的集合 A_1，A_2，$\cdots$ 的交集和并集的定义和上面完全类似.

设 A_1，A_2，$\cdots$，A_n 是 n 个集合，由一切从 A_1，A_2，$\cdots$，A_n 里按顺序取出的元素组 $(a_1, a_2, \cdots, a_n)(a_i \in A_i)$ 所做成的集合称为 A_1，A_2，$\cdots$，A_n **集合的积**，记为

$$A_1 \times A_2 \times \cdots \times A_n.$$

并且，若 $|A_i|=m_i$，则 $|A_1 \times A_2 \times \cdots \times A_n|=m_1 \times m_2 \times \cdots \times m_n$.

例 3 设集合 $A=\{0, 1\}$，集合 $B=\{2, 3, 4\}$，那么

$$A \times B=\{(0, 2), (0, 3), (0, 4), (1, 2), (1, 3), (1, 4)\},$$

且
$$|A \times B|=6.$$

设 A 是一个集合，由 A 的所有子集构成的集合称为 A 的**幂集**，记为 2^A.

当集合 A 是有限集合时，2^A 的元素的个数正好是 $|2^A|=2^{|A|}$. 证明留给读者.

例 4 设 $A=\{x, y\}$，则 $2^A=\{\varnothing, \{a\}, \{b\}, A\}$，且 $|2^A|=2^2=4$，即集合 A 的幂集 2^A 有 4 个元素.

§2   整数的整除

设 a，b 是整数，且 $a \neq 0$，若存在整数 q，使 $b=aq$ 成立，则称 a **整除** b（或 b 被 a 整除），记为 $a|b$. 这时，称 a 是 b 的一个**因数**，b 是 a 的一个**倍数**；若不存在这样的整数 q，则称 a **不整除** b，记为 $a \nmid b$.

例如，$1|a$，$b|0$，$b|b$ $(b \neq 0)$.

关于整除，我们还有如下一些性质. 设 a，b，$c \in \mathbf{Z}$，那么

性质 1 $a|b$，$b|c \Rightarrow a|c$.

性质 2 $a|b$，$a|c \Rightarrow a|(b \pm c)$.

性质 3 $a|b$，$c \in \mathbf{Z} \Rightarrow a|bc$.

性质 4 $a|b_i$，$c_i \in \mathbf{Z} \Rightarrow a|(b_1c_1+\cdots+b_tc_t)$ $(i=1, 2, \cdots, t)$.

性质 5 ± 1 可以整除任一整数.

性质 6 $a|b$，$b|a \Rightarrow a=b$，或者 $a=-b$.

有关带余除法有以下基本定理：

定理 设 $a, b \in \mathbf{Z}$ 且 $a \neq 0$，那么存在整数 q, r 满足

$$b = aq + r \quad (0 \leqslant r < |a|),$$

满足以上条件的 q, r 由 a, b 唯一确定.

证明 首先证明存在性. 设集合 $S = \{b - ax \mid a, b \in \mathbf{Z}, b - ax \geqslant 0\}$，因 $a \neq 0, S \neq \varnothing$，由最小数原理，存在 $q \in \mathbf{Z}$，使得 $r = b - aq$ 是 S 中的最小数，故 $b = aq + r$ 且 $r \geqslant 0$.

假如 $r \geqslant |a|$，则存在 $r' \geqslant 0$，有 $r = |a| + r'$，这样

$$r' = r - |a| = \begin{cases} b - a(q+1), & a \geqslant 0; \\ b - a(q-1), & a < 0. \end{cases}$$

故 $r' \in S$ 且 $r' < r$，矛盾. 于是 $r < |a|$.

接下来证明唯一性. 若还存在 $q', r' \in \mathbf{Z}, b = aq' + r', 0 \leqslant r' < |a|$，有

$$a(q - q') = r' - r.$$

若 $q - q' \neq 0$，那么

$$|r' - r| = |a(q - q')| \geqslant |a|,$$

有

$$r' \geqslant |a| + r \geqslant |a|,$$

或等价地，

$$r \geqslant |a| + r' \geqslant |a|,$$

矛盾. 故 $q - q' = 0$，于是 $q = q'$. 这时 $r - r' = 0$，则 $r = r'$.

注1 这里 q、r 分别称为 a 除 b 所得**商**和**余数**.

注2 由上述定理，可得若 $a, b \in \mathbf{Z}$，且 $a \neq 0$，则 $a \mid b \Leftrightarrow r = 0$.

例 设 $a = 5$，则当 $b = 17$ 时，有 $b = 3a + 2, r = 2 < 5$，而 $q = 3$.

定义2

设 $a, b \in \mathbf{Z}$，取一个固定的整数 $n > 0$，若 $n \mid a - b$，称为 a, b **关于模 n 同余**，记为 $a \equiv b(n)$（读成 a 同余 b 模 n）.

例如，$7 \equiv 2(5), -1 \equiv 5(6), -1 \equiv 2(3)$.

定义3

设 $a, b \in \mathbf{Z}$，若存在 $d \in \mathbf{Z}$，满足

(1) $d \mid a, d \mid b$;

(2) 若 $c \in \mathbf{Z}, c \mid a, c \mid b$，则 $c \mid d$.

称 d 是 a, b 一个**最大公因子**，记为 $d = (a, b)$.

我们可以将这个定义进行推广.

设 $a_i \in \mathbf{Z}(i=1,\cdots,n)$，若存在 $d \in \mathbf{Z}$，满足

(1) $d \mid a_i$；

(2) 若 $c \mid a_i$，则 $c \mid d$.

则称 d 是 $a_1, a_2, \cdots, a_n$ 一个**最大公因子**，记为 $d=(a_1,a_2,\cdots,a_n)$.

关于整数间的最大公因子有以下性质：

性质 1 若任 $n(n \geqslant 2)$ 个整数 $a_1, a_2, \cdots, a_n$ 有最大公因子 d，则 $-d$ 也是它们的最大公因子，故 $a_1, a_2, \cdots, a_n$ 的最大公因子间只能相差一个符号.

性质 2 设 $d=(a_1, a_2, \cdots, a_n)$，那么存在 $t_i \in \mathbf{Z}(i=1,\cdots,n)$，使得

$$d = t_1 a_1 + \cdots + t_n a_n.$$

定义4

设 $a,b \in \mathbf{Z}$，若 $(a,b)=1$，则称 a 和 b **互素**（或**互质**）. 一般地，若 $(a_1,a_2,\cdots,a_n)=1$，则称 $a_1, a_2, \cdots, a_n$ **互素**.

关于整数间的互素关系有以下性质：

性质 1 设 $a_i \in \mathbf{Z}(i=1,2,\cdots,n)$，则

$$a_1, a_2, \cdots, a_n \text{ 互素} \Leftrightarrow \text{存在 } t_i \in \mathbf{Z}, \text{使得 } t_1 a_1 + \cdots + t_n a_n = 1.$$

性质 2 若 $p \in \mathbf{Z}$，p 是一个素数，则它除 ± 1，$\pm p$ 外，没有其他的因子.

性质 3 p 是素数，$\forall a \in \mathbf{Z}$，有 $(a,p)=p$ 或 $(a,p)=1$.

性质 4 $a \in \mathbf{Z}$，$a \neq 0, \pm 1$，则 a 一定可以被某一素数整除.

性质 5 若 p 是素数，$a,b \in \mathbf{Z}$，则有

$$p \mid ab \Rightarrow p \mid a \text{ 或 } p \mid b.$$

§3 映 射

映射的概念在数学中扮演着重要的角色，它是函数概念的推广，用来描述两个集合的元素间的关系.

定义1

设 A 和 $\bar{A}$ 为两个非空集合，如果按某一个确定的对应关系 ϕ，使对于集合 A 中的任意一个元素 a，在集合 $\bar{A}$ 中都有唯一确定的元素 $\bar{a}$ 与之对应，则称对应 $\phi: a \to \bar{a}$ 为集合 A 到集合 $\bar{A}$ 的一个**映射**；元素 $\bar{a}$ 称为元素 a 在映射 ϕ 之下的**象**；元素 a 称为元素 $\bar{a}$ 在 ϕ 下的**逆象**（或**原象**）.

一个映射 ϕ 也常用符号

$$\phi: a \rightarrow \bar{a} = \phi(a)$$

来描写,表示 ϕ 替 a 这个元素规定的象是 $\bar{a}$,也把 $\bar{a}$ 这个元写成 $\phi(a)$,这个符号表示 $\bar{a}$ 是把 ϕ 应用到 a 上所得的结果.

例1 设 $A = \bar{A}$, $\forall a \in A$, 对应关系

$$\phi: a \rightarrow a$$

是 A 到 A 的一个映射. 此映射称为 A 的**恒等变换**,通常记为 ε.

例2 设 S 是数域 F 上的 n 阶方阵集合,$r(A)$ 是 n 阶方阵的秩.对 $\forall A \in S$, 对应关系

$$\phi: A \rightarrow r(A)$$

是 S 到 $r(A)$ 的一个映射.

例3 设 $A = \mathbf{Z}$, $\bar{A} = \mathbf{Z}^{+}$. 对 $\forall n \in A$, 对应关系

$$\phi: n \rightarrow |n|$$

不是 A 到 $\bar{A}$ 的一个映射,因为 0 在 ϕ 作用下的象不在 $\bar{A}$ 中.

例4 设 $A = \bar{A} = \mathbf{R}$. 对应关系

$$\phi: a \rightarrow a, \quad 若 a \neq 1;$$
$$1 \rightarrow b, \quad 若 b^2 = 1$$

不是 A 到 $\bar{A}$ 的一个映射.因为我们不能决定 b 是 1 还是 -1,所以对于 A 中的元 1 对应的象不唯一,这与定义 1 不合.

总的来说,对于映射 ϕ 的定义,我们需要注意以下几点:

1. 集合 A 和 $\bar{A}$ 可能是相同的;
2. 映射 ϕ 一定要替 A 的每一个元 a 规定一个象 $\bar{a}$;
3. A 的一个元 a 只能有唯一的一个象 $\bar{a}$;
4. 所有的象都必须是 $\bar{A}$ 的元.

一般来说,对于集合 A 和 $\bar{A}$ 可以找到各种不同的映射,有时候两个映射形式虽然不同,但是它们对每个元映射的象却相同.

定义2

集合 A 到 $\bar{A}$ 的两个映射 ϕ_1 和 ϕ_2 是**相同**的,若对于 $\forall a \in A$,都有

$$\phi_1(a) = \phi_2(a).$$

这样规定的原因是,两个映射形式是不是相同并不重要,重要的是它们的效果是不是相同.

例5 设 $A = \{0, 3\}$,$\bar{A} = \{0, 9\}$,$\forall x \in A$,令

$$\phi_1: x \to x^2, \quad \phi_2: x \to 3x.$$

显然 ϕ_1、ϕ_2 都是 A 到 $\bar{A}$ 的映射.尽管从形式上看,它们是不同的,但是对这里确定的 A 和 $\bar{A}$ 来说,由于 $\phi_1(0) = 0 = \phi_2(0)$,$\phi_1(3) = 9 = \phi_2(3)$,所以 $\phi_1 = \phi_2$.

定义3

若是在一个集合 A 到集合 $\bar{A}$ 的映射 ϕ 下,$\bar{A}$ 的每一个元 $\bar{a}$ 都至少是 A 中某一个元 a 的象,即对于 $\forall \bar{a} \in \bar{A}$,都存在 $a \in A$,使得

$$\phi(a) = \bar{a},$$

则称 ϕ 为一个 A 到 $\bar{A}$ 的**满射**.

例如,例2就是一个 S 到 $r(A)$ 的满射.

定义4

一个 A 到 $\bar{A}$ 的映射

$$a \to \bar{a}, \quad b \to \bar{b},$$

称为一个 A 到 $\bar{A}$ 的**单射**,若

$$a \neq b \Rightarrow \bar{a} \neq \bar{b}.$$

例6 设 $A = \mathbf{R}^+$,$\bar{A} = \mathbf{R}$.$\forall x \in A$,对应关系

$$\phi: x \to 2^x$$

是 A 到 $\bar{A}$ 的一个单射;又因为 $2^x > 0$,所以 ϕ 不是满射.

一个既是满射又是单射的映射特别重要.

定义5

若一个集合 A 到集合 $\bar{A}$ 的映射 ϕ 既是满射又是单射,则 ϕ 称为一个 A 与 $\bar{A}$ 间的一一映射.

例7 设 $A = \mathbf{R}$,$\bar{A} = \mathbf{R}^+$.$\forall x \in A$,对应关系

$$\phi: x \to 2^x$$

是 A 到 $\bar{A}$ 的一个一一映射.

一一映射有以下的重要性质:

定理 从一个 A 到 $\bar{A}$ 的一一映射 ϕ 可以得到一个 $\bar{A}$ 到 A 的一一映射 ϕ^{-1}.

证明 我们首先利用 ϕ 来构造一个 $\bar{A}$ 到 A 的映射 ϕ^{-1},这就是说,利用 ϕ 来替 $\bar{A}$ 的每一个元 $\bar{a}$ 规定一个唯一的在 A 中的象,即

$$\phi^{-1}: \bar{a} \to a = \phi^{-1}(\bar{a}), 若 \bar{a} = \phi(a).$$

由于 ϕ 是 A 到 $\bar{A}$ 的一一映射,那么对 $\forall \bar{a} \in \bar{A}$,有而且只有一个 $a \in A$ 能够满足条件 $\phi(a) = \bar{a}$,这就是说,对于 $\forall \bar{a} \in \bar{A}$,由 ϕ^{-1} 能而且只能得到唯一一个 $a \in A$. 这样,ϕ^{-1} 是一个 $\bar{A}$ 到 A 的映射.

接下来,我们证明 ϕ^{-1} 还是一一映射的.

(i) ϕ^{-1} 是 $\bar{A}$ 到 A 的满射,即是证,在 ϕ^{-1} 之下,A 的每一元都是 $\bar{A}$ 的某一元的象.因为 ϕ 是一一映射的,所以对于 $\forall a \in A$,一定 $\exists \bar{a} \in \bar{A}$,满足 $\bar{a} = \phi(a)$.

(ii) ϕ^{-1} 是 $\bar{A}$ 到 A 的单射,因为设 $\bar{a} \neq \bar{b}$,有

$$\phi: \phi^{-1}(\bar{a}) \to \bar{a},$$

$$\phi^{-1}(\bar{b}) \to \bar{b},$$

若 $\phi^{-1}(\bar{a}) = \phi^{-1}(\bar{b})$,由于 ϕ 是一一映射的,所以 $\bar{a} = \bar{b}$,与假设矛盾,所以 $\phi^{-1}(\bar{a}) \neq \phi^{-1}(\bar{b})$.

注 若 A 与 $\bar{A}$ 间有一个一一映射存在,而 A 是有限集合,那么显然 $\bar{A}$ 也是有限集合,并且 $|A| = |\bar{A}|$. 因此,一个有限集合与它的任何一个真子集间都不可能有一一映射存在.但当 A 与 $\bar{A}$ 是无限集合的时候,情形完全不同.

例 8 设 $A = \mathbf{R}$,$\bar{A} = \mathbf{R}^+$. 对应关系

$$\phi: x \to e^x$$

是 A 与 $\bar{A}$ 间的一一映射.

特别地,当 A 和 $\bar{A}$ 是相同的集合时,我们有:

定义7

集合 A 到 A 的一个映射称为 A 的一个**变换**.

集合 A 到 A 的一个满射、单射或 A 与 A 间的一一映射分别称为 A 的一个**满射变换**、**单射变换**或**一一变换**.

例 9 设 $A = \mathbf{Z}$,对应关系

$$\phi_1: n \rightarrow n+1,$$
$$\phi_2: n \rightarrow n-1$$

都是 A 的一一变换.

定义8

若 A 是一个有限集合,则 A 的一个一一变换称为 A 的一个**置换**.

§4 二元运算

我们已经知道,近世代数就是要研究带有运算的概念,所以现在我们就要从映射出发,来给出二元运算这一概念,通过这个概念我们可以看到一个集合"带有运算"是什么含义.

定义1

设 A 是一个集合,若按照某一个确定的对应关系,使得对于 $\forall a, b \in A$,都有唯一确定的一个元 $c \in A$ 与之相对应,则称此对应关系为集合 A 中的一个**二元运算**.

通过定义1可以看出,一个二元运算即是一个

$$A \times A \rightarrow A,$$
$$(a, b) \rightarrow c$$

的特殊的映射. 我们通常用符号。来表示,写成:

$$\circ: A \times A \rightarrow A,$$
$$(a, b) \rightarrow c = \circ(a, b).$$

那为什么把这样的一个特殊映射称为二元运算呢? 若我们有一个 A 的二元运算,按照定义1,给了 A 的任意一对元 a 和 b,就可以通过这个二元运算,得到 A 的另一个元 c.这就是说,对 a 和 b,运用所给的二元运算进行运算,就可以得到唯一的一个结果 c.这正是普通计算法的特征,比如整数集上的普通加法就是能够把任意两个整数加起来,而得到另一个整数.

而。(a, b) 只是一个符号,于是我们可以采用普通计算法的方式,不写成。(a, b),而写成 $a \circ b$ 的形式.这样表示二元运算的符号,就变成

$$\circ: (a, b) \rightarrow c = a \circ b.$$

由于 a、b、c 都在 A 中,这时也称,集合 A 对于二元运算。来说是**封闭**的.

例1 对于整数集 **Z** 来说,普通加法和普通乘法都是 **Z** 的二元运算.

例2 设 S 是一个非空集合,$\forall A,B \subseteq 2^S$,对应关系

$$\circ : A \circ B = A \bigcap B$$

是 2^S 的二元运算,因为 $\circ$ 是 $2^S \times 2^S$ 到 2^S 的映射.

例3 对应关系

$$a \circ b = \sqrt{a^2 + b^2}$$

不是整数集 **Z** 的二元运算.因为,尽管对整数 a、b 来说,$\sqrt{a^2+b^2}$ 是唯一确定的实数,但却不一定是整数,例如 $1 \circ 2 = \sqrt{1^2+2^2} = \sqrt{5}$ 就不是一个整数.

定义2

设 A 是一个非空集合,若在 A 中定义了一种运算 $\circ$,则称 A 是一个**代数系统**,记作 $(A,\circ)$.

还可以在 A 上同时定义多种不同的运算,若分别用符号 $+$,$-$ 等表示,也形成多个代数系统,分别记为 $(A,\circ,+)$,$(A,\circ,+,-)$ 等.

例如,前面提到的 $(\mathbf{Z},+)$,$(\mathbf{Z},\times)$ 等都是代数系统,这就是近世代数主要研究的内容.

一般地,我们有

定义3

集合 $A \times B$ 到集合 D 的一个映射称为 $A \times B$ 到 D 的一个**代数运算**.

例4 设 $A = B = \{1,2\}$,$D = \{奇,偶\}$,

$$\circ : (1,1) \rightarrow 奇, (2,2) \rightarrow 偶,$$

$$(1,2) \rightarrow 奇, (2,1) \rightarrow 奇$$

是 $A \times B$ 到 D 的一个代数运算.

当 A 和 B 都是有限集合的时候,我们可以用一个称为**运算表**的表来表示 $A \times B$ 到 D 的一个代数运算.假设 A 有 n 个元 $a_1,a_2,\cdots,a_n$,B 有 m 个元 $b_1,b_2,\cdots,b_m$,对应关系

$$\circ : (a_i,b_j) \rightarrow d_{ij}$$

是所给的代数运算.我们先画一条垂线,在这垂线上端画一条向左的横线.把 A 的元 a_1,a_2,$\cdots$,a_n 依次写在垂线的左边,把 B 的元 $b_1,b_2,\cdots,b_m$ 依次写在横线的上边,然后把

$d_{ij} = a_i \circ b_j$ 写在从 a_i 右行的横线和从 b_j 下行的垂线的交点上：

a_1	b_1	$\cdots$	b_j	$\cdots$	b_m
$\vdots$	d_{11}	$\cdots$	d_{1j}	$\cdots$	d_{1m}
$\cdots$	$\cdots$	$\cdots$	$\cdots$	$\cdots$	$\cdots$
a_i	d_{i1}	$\cdots$	d_{ij}	$\cdots$	d_{im}
$\vdots$	$\cdots$	$\cdots$	$\cdots$	$\cdots$	$\cdots$
a_n	d_{n1}	$\cdots$	d_{nj}	$\cdots$	d_{nm}

例 5　上面例 4 所规定的代数运算的运算表就是

	1	2
1	奇	奇
2	奇	偶

用运算表来表示一个代数运算，常比用箭头或用等式的方法更简洁、清楚。

§5　运 算 律

从上一节的 1、2 两例可以看出，对于任意的一个集合，它的二元运算的定义是可以不加任何限制的，但这样的定义并不一定有多大意义。而事实上，对于结合律、交换律和分配律这些常见的运算律，在定义二元运算时也是能够满足的。这种常见的规律的第一个，就是结合律。

设 $\circ$ 是集合 A 的一个二元运算。

在集合 A 中任意取出三个元 a、b、c 来，假设写下符号

$$a \circ b \circ c,$$

那么这个符号没有什么意义，因为二元运算只能对两个元进行运算，所以可以先对 a 和 b 进行运算，而得到 $a \circ b$，因为 $\circ$ 是 A 的二元运算，$a \circ b \in A$，再把这个元与 c 进行运算，而得到一个结果。要得到这样的结果，我们可以通过用加括号的方式来实现，就是

$$(a \circ b) \circ c,$$

但还有另外一种加括号的方式，就是

$$a \circ (b \circ c).$$

在一般情形之下，由这两个不同的方式得到的结果也未必相同。

例1 设 $M = \mathbf{N}$（自然数集），则 M 的二元运算

$$a \circ b = ab + 1$$

不满足结合律.因为

$$(a \circ b) \circ c = abc + c + 1, a \circ (b \circ c) = abc + a + 1,$$

这样只要 $a \neq b$，就有 $abc + c + 1 \neq abc + a + 1$，即

$$(a \circ b) \circ c \neq a \circ (b \circ c).$$

定义1

称集合 A 的二元运算。满足**结合律**，若对于 $\forall a, b, c \in A$，都有

$$(a \circ b) \circ c = a \circ (b \circ c)$$

（注意：a、b、c 不一定是不相同的元）.

例如，数、多项式、矩阵等对普通加法和普通乘法都满足结合律.

在 A 中任意取出 n 个元 $a_1, a_2, \cdots, a_n$ 来，假设写下符号

$$a_1 \circ a_2 \circ \cdots \circ a_n,$$

这个符号当然也是没有意义的. 但是同前面讨论的一样，我们可以通过加括号的方式，得到一个结果，然而加括号的方式不止一种，但因为 n 是一个有限整数，这种方式得到的结果的个数总是一个有限整数，不妨设它是 N，把这 N 个结果分别用

$$\pi_1(a_1 \circ a_2 \circ \cdots \circ a_n), \pi_2(a_1 \circ a_2 \circ \cdots \circ a_n), \cdots, \pi_N(a_1 \circ a_2 \circ \cdots \circ a_n)$$

来表示. **例如**，$n = 3$，则 $N = 2$，这时，

$$\pi_1(a \circ b \circ c) = (a \circ b) \circ c, \quad \pi_2(a \circ b \circ c) = a \circ (b \circ c).$$

当然这样得来的 N 个 $\pi(a_1 \circ a_2 \circ \cdots \circ a_n)$ 未必都相等，而当它们都相等时，可以得到：

定义2

若对于 A 的 $n(n \geqslant 2)$ 个固定的元 $a_1, a_2, \cdots, a_n$ 来说，所有的 $\pi(a_1 \circ a_2 \circ \cdots \circ a_n)$ 都相等，就把由这些方式可以得到的唯一的结果，用 $a_1 \circ a_2 \circ \cdots \circ a_n$ 来表示.

我们可以证明：

定理1 若一个集合 A 的二元运算。满足结合律，则对于 A 的任意 $n(n \geqslant 2)$ 个元 $a_1, a_2, \cdots, a_n$ 来说，所有的 $\pi(a_1 \circ a_2 \circ \cdots \circ a_n)$ 都相等；因此符号 $a_1 \circ a_2 \circ \cdots \circ a_n$ 就有意义.

证明 我们采用数学归纳法来证明.

(1) 若 $n=2,3$, 定理显然成立.

(2) 假设元的个数 $\leqslant n-1$ 时, 定理成立. 现在只需证明当元的个数 $=n$ 时, 对于任意的一个 $\pi(a_1 \circ a_2 \circ \cdots \circ a_n)$ 来说, 都有 $\pi(a_1 \circ a_2 \circ \cdots \circ a_n) = a_1 \circ (a_2 \circ \cdots \circ a_n)$ 成立.

这一个 $\pi(a_1 \circ a_2 \circ \cdots \circ a_n)$ 是经过一种加括号的方式所得来的结果, 这种方式的最后一步总是对两个元进行运算, 即

$$\pi(a_1 \circ a_2 \circ \cdots \circ a_n) = b_1 \circ b_2.$$

这里, b_1 是前面的若干个, 假设是 i 个元 $a_1, a_2, \cdots, a_i$ 经过一个加括号的方式所得的结果, b_2 是其余的 $n-i$ 个元 $a_{i+1}, a_{i+2}, \cdots, a_n$ 经过一个加括号的方式所得的结果. 因为 i 和 $n-i$ 都 $\leqslant n-1$, 由归纳假设, 有

$$b_1 = a_1 \circ a_2 \circ \cdots \circ a_i, \quad b_2 = a_{i+1} \circ a_{i+2} \circ \cdots \circ a_n,$$

$$\pi(a_1 \circ a_2 \circ \cdots \circ a_n) = (a_1 \circ a_2 \circ \cdots \circ a_i) \circ (a_{i+1} \circ a_{i+2} \circ \cdots \circ a_n).$$

若 $i=1$, 显然成立. 若 $i>1$, 那么

$$\begin{aligned}
\pi(a_1 \circ a_2 \circ \cdots \circ a_n) &= [a_1 \circ (a_2 \circ \cdots \circ a_i)] \circ (a_{i+1} \circ a_{i+2} \circ \cdots \circ a_n) \\
&= a_1 \circ [(a_2 \circ \cdots \circ a_i) \circ (a_{i+1} \circ a_{i+2} \circ \cdots \circ a_n)] \\
&= a_1 \circ (a_2 \circ \cdots \circ a_n),
\end{aligned}$$

即

$$\pi(a_1 \circ a_2 \circ \cdots \circ a_n) = a_1 \circ (a_2 \circ \cdots \circ a_n)$$

仍然成立.

这个定理告诉我们, 只要结合律成立, 这个符号 $a_1 \circ a_2 \circ \cdots \circ a_n$ 就有意义, 结合律的重要意义也就在此.

一个二元运算常常满足的另一运算规律, 就是交换律.

称集合 A 的二元运算 $\circ$ 满足**交换律**, 若对 $\forall a, b, c \in A$, 都有

$$a \circ b = b \circ a.$$

例如, 矩阵以及线性变换的乘法都是满足交换律, 而整数集上的普通减法运算就不满足交换律.

例 2 例 1 中规定的二元运算就满足交换律. 因为对 $\forall a, b \in M$, 都有

$$a \circ b = ab + 1 = ba + 1 = b \circ a$$

关于交换律,我们有以下定理.

定理 2 若一个集合 A 的二元运算 $\circ$ 同时满足结合律与交换律,则 $a_1 \circ a_2 \circ \cdots \circ a_n$ 里元的次序可以任意交换.

证明 我们可用数学归纳法证明.

(1) 当 $n=1, 2$ 时,定理显然成立.

(2) 假设当元的个数 $\leqslant n-1$ 时,定理成立. 现在只需证明当元的个数 $=n$ 时,若是把 a_i 的次序任意颠倒一下,而作成一个次序不同的 $a_{i_1} \circ a_{i_2} \circ \cdots \circ a_{i_n}$(这里 $i_1, i_2, \cdots, i_n$ 还是 $1, 2, \cdots, n$ 这 n 个整数)时,仍有

$$a_{i_1} \circ a_{i_2} \circ \cdots \circ a_{i_n} = a_1 \circ a_2 \circ \cdots \circ a_n.$$

因为在 $i_1, i_2, \cdots, i_n$ 中一定有一个且只有一个等于 n,不妨设是 i_k,那么由结合律,交换律以及归纳假设,有

$$
\begin{aligned}
a_{i_1} \circ a_{i_2} \circ \cdots \circ a_{i_n} &= (a_{i_1} \circ a_{i_2} \circ \cdots \circ a_{i_{k-1}}) \circ [a_n \circ (a_{i_{k+1}} \circ \cdots \circ a_{i_n})] \\
&= (a_{i_1} \circ a_{i_2} \circ \cdots \circ a_{i_{k-1}}) \circ [(a_{i_{k+1}} \circ \cdots \circ a_{i_n}) \circ a_n] \\
&= [(a_{i_1} \circ \cdots \circ a_{i_{k-1}}) \circ (a_{i_{k+1}} \circ \cdots \circ a_{i_n})] \circ a_n \\
&= (a_1 \circ a_2 \circ \cdots \circ a_{n-1}) \circ a_n \\
&= a_1 \circ a_2 \circ \cdots \circ a_n.
\end{aligned}
$$

例 3 设 S 是一个非空集合,对 $\forall A, B \subseteq S$,规定

$$\circ : A \circ B = A \bigcup B,$$

那么 $\circ$ 是 S 的一个既满足结合律又满足交换律的二元运算.

可以看出,结合律和交换律都只同一种二元运算发生关系,我们现在要讨论同两种二元运算发生关系的一种规律,就是分配律.

设 $\odot$、$\oplus$ 是一个 A 的两种二元运算,那么对于 $\forall b \in B$,$a_1, a_2 \in A$ 来说,

$$b \odot (a_1 \oplus a_2) \text{ 和} (b \odot a_1) \oplus (b \odot a_2)$$

都有意义,且都是 A 的元,但这两个元未必相等. 而当它们相等时,有

定义 4 ....

称二元运算 $\odot$、$\oplus$ 满足**左分配律**,若对于 $\forall b \in B$,元 $a_1, a_2 \in A$,都有

$$b \odot (a_1 \oplus a_2) = (b \odot a_1) \oplus (b \odot a_2).$$

称二元运算 $\odot$、$\oplus$ 满足**右分配律**,若对于 $\forall b \in B$,$a_1, a_2 \in A$,都有

$$(a_1 \oplus a_2) \odot b = (a_1 \odot b) \oplus (a_2 \odot b).$$

例如，全体实数 **R** 组成的集合，$\odot$、$\oplus$ 就是普通的乘法和加法，那么 $\odot$、$\oplus$ 满足左、右分配律.

定理 3 设 $\odot$、$\oplus$ 是 A 的两种二元运算. 若 $\oplus$ 满足结合律，且 $\odot$、$\oplus$ 满足左分配律，则对于 $\forall\, b \in A, a_1, a_2, \cdots, a_n \in A$，都有

$$b \odot (a_1 \oplus \cdots \oplus a_n) = (b \odot a_1) \oplus \cdots \oplus (b \odot a_n).$$

若 $\oplus$ 满足结合律，且 $\odot$、$\oplus$ 满足右分配律，则对于 $\forall\, b \in A, a_1, a_2, \cdots, a_n \in A$，都有

$$(a_1 \oplus \cdots \oplus a_n) \odot b = (a_1 \odot b) \oplus \cdots \oplus (a_n \odot b).$$

证明 我们仍用数学归纳法证明.

(1) 当 $n = 1, 2$ 时，定理成立.

(2) 假设当 $a_1, a_2, \cdots$ 的个数只有 $n-1$ 个的时候，定理成立. 现在看有 n 个 a_i 时的情形. 这时，

$$
\begin{aligned}
b \odot (a_1 \oplus \cdots \oplus a_n) &= b \odot [(a_1 \oplus \cdots \oplus a_{n-1}) \oplus a_n] \\
&= [b \odot (a_1 \oplus \cdots \oplus a_{n-1})] \oplus (b \odot a_n) \\
&= [(b \odot a_1) \oplus \cdots \oplus (b \odot a_{n-1})] \oplus (b \odot a_n) \\
&= (b \odot a_1) \oplus \cdots \oplus (b \odot a_n).
\end{aligned}
$$

对于右分配律的证明同左分配律完全类似.

分配律的重要性在于它们能使两种二元运算之间建立一种联系.

§6　同态与同构

我们已经知道，两个集合之间可以通过映射发生关系，那带有运算的集合，即所谓的代数系统之间，能否也可以通过映射发生关系？ 在这一节里，我们要讨论到与代数系统发生关系的映射.

现在设有两个代数系统 $(A,\ \circ)$ 和 $(\bar{A},\ \bar{\circ})$，并且有一个 A 到 $\bar{A}$ 的映射 ϕ.

设 $a, b \in A$，这时 $\phi(a \circ b)$ 和 $\varphi(a)\ \bar{\circ}\ \phi(b)$ 都有意义，且都是 $\bar{A}$ 的元，那么等式

$$\phi(a \circ b) = \phi(a)\ \bar{\circ}\ \phi(b)$$

是否成立？ 换一句话说，假设在 ϕ 之下，有

$$a \to \bar{a},\ b \to \bar{b},$$

是否在 ϕ 之下，就有

$$a \circ b \rightarrow \bar{a} \ \bar{\circ} \ \bar{b}.$$

定义1

设 ϕ 是 A 与 $\bar{A}$ 间的一个一一映射，则称 ϕ 为对于二元运算 $\circ$ 和 $\bar{\circ}$ 来说，A 到 $\bar{A}$ 的一个**同态映射**，若对于 $\forall a, b \in A$，都有

$$\phi(a \circ b) = \phi(a) \ \bar{\circ} \ \phi(b).$$

我们通过以下几个例题，来进一步认识同态映射.

设 $A = \mathbf{Z}$，A 的二元运算是普通加法.

$\bar{A} = \{1, -1\}$，$\bar{A}$ 的二元运算是普通乘法.

例1 $\phi_1 : a \rightarrow 1$，$\forall a \in A$ 是一个 A 到 $\bar{A}$ 的同态映射. 显然 ϕ_1 是一个 A 到 $\bar{A}$ 的映射，并且对 $\forall a, b \in A$，有

$$a \rightarrow 1, \quad b \rightarrow 1,$$
$$a + b \rightarrow 1 = 1 \times 1.$$

例2 $\phi_2 : a \rightarrow 1, \quad$ 若 a 是偶数，

$\qquad\qquad\qquad a \rightarrow -1, \quad$ 若 a 是奇数

是一个 A 到 $\bar{A}$ 的满射的同态映射. 显然 ϕ_2 是一个 A 到 $\bar{A}$ 的满射，并且对于 $\forall a, b \in A$，有

若 a、b 是偶数，那么

$$a \rightarrow 1, \quad b \rightarrow 1,$$
$$a + b \rightarrow 1 = 1 \times 1.$$

若 a、b 是奇数，那么

$$a \rightarrow -1, \quad b \rightarrow -1,$$
$$a + b \rightarrow 1 = (-1) \times (-1).$$

若 a、b 是一奇一偶，那么

$$a + b \rightarrow -1 = (-1) \times 1.$$

例3 $\phi_3 : a \rightarrow -1$，$\forall a \in A$ 是一个 A 到 $\bar{A}$ 的映射，但却不是同态映射，因为对于 $\forall a, b \in A$，有

$$a \rightarrow -1, \quad b \rightarrow -1,$$
$$a + b \rightarrow (-1) \neq (-1) \times (-1).$$

若对于二元运算。和 $\bar{\circ}$ 来说,有一个 A 到 $\bar{A}$ 的满射的同态映射存在,则称这个映射是一个**同态满射**,并称代数系统$(A,\circ)$与$(\bar{A},\bar{\circ})$**同态**,记为$(A,\circ)\sim(\bar{A},\bar{\circ})$.在不引起混淆的情况下,可以简单记为 $A\sim\bar{A}$.

例如,例 2 中规定的映射就是 A 到 $\bar{A}$ 的一个同态满射,这时 $(A,+)\sim(\bar{A},\times)$.

例 4 设代数系统$(\mathbf{R},\times)$,$\mathbf{R}$ 的一个子集 $\bar{A}$ 关于普通乘法构成的代数系统 $(\bar{A},\times)$,令

$$\phi:x\rightarrow|x|,$$

显然 ϕ 是 $\mathbf{R}$ 到 $\bar{A}$ 的一个满射,同时对 $\forall x,y\in A$,有

$$x\rightarrow|x|,\ y\rightarrow|y|,$$
$$xy\rightarrow|x||y|=|xy|.$$

所以 ϕ 是一个 $\mathbf{R}$ 到 $\bar{A}$ 的同态映射,即 ϕ 是一个满射同态.于是 $\mathbf{R}\sim\bar{A}$.

两个代数系统之间的同态关系类似于平面几何中两个三角形的相似关系,同态的代数系统之间具有一些相同的性质.

定理 1 若代数系统$(A,\circ)$与$(\bar{A},\bar{\circ})$同态,则

(1) 若。满足结合律,$\bar{\circ}$ 也满足结合律;

(2) 若。满足交换律,$\bar{\circ}$ 也满足交换律.

证明 用 ϕ 来表示 A 到 $\bar{A}$ 的同态满射.

(1) 设 $\forall\bar{a},\bar{b},\bar{c}\in\bar{A}$,由于 ϕ 是满映射,那么至少存在 $a,b,c\in A$,满足,

$$\phi:a\rightarrow\bar{a},\ b\rightarrow\bar{b},\ c\rightarrow\bar{c}.$$

又由于 ϕ 是同态映射,有

$$\phi:a\circ(b\circ c)\rightarrow\bar{a}\ \bar{\circ}\ (\overline{b\circ c})=\bar{a}\ \bar{\circ}\ (\bar{b}\ \bar{\circ}\ \bar{c}),$$
$$(a\circ b)\circ c\rightarrow(\overline{a\circ b})\ \bar{\circ}\ \bar{c}=(\bar{a}\ \bar{\circ}\ \bar{b})\ \bar{\circ}\ \bar{c}.$$

但由题设, $\qquad a\circ(b\circ c)=(a\circ b)\circ c.$

所以 $(\bar{a}\ \bar{\circ}\ \bar{b})\ \bar{\circ}\ \bar{c}$ 和 $\bar{a}\ \bar{\circ}\ (\bar{b}\ \bar{\circ}\ \bar{c})$ 是 A 同一元的象,因而

$$\bar{a}\ \bar{\circ}\ (\bar{b}\ \bar{\circ}\ \bar{c})=(\bar{a}\ \bar{\circ}\ \bar{b})\ \bar{\circ}\ \bar{c}.$$

(2) 设 $\bar{a},\bar{b}\in\bar{A}$,则存在 $a,b\in A$,满足

$$\phi:a\rightarrow\bar{a},\ b\rightarrow\bar{b},$$

那么 $$\phi : a \circ b \to \bar{a} \,\bar{\circ}\, \bar{b}, \quad b \circ a \to \bar{b} \,\bar{\circ}\, \bar{a}.$$

但 $$a \circ b = b \circ a,$$

所以 $$\bar{a} \,\bar{\circ}\, \bar{b} = \bar{b} \,\bar{\circ}\, \bar{a}.$$

定理 2　设 $\odot$、$\oplus$ 都是集合 A 的二元运算，$\bar{\odot}$、$\bar{\oplus}$ 都是集合 $\bar{A}$ 的二元运算，并且存在一个 A 到 $\bar{A}$ 的满射，使得 A 与 $\bar{A}$ 对于二元运算 $\odot$、$\bar{\odot}$ 来说同态，对于二元运算 $\oplus$、$\bar{\oplus}$ 来说也都同态，则

(1) 若 $\odot$、$\oplus$ 满足左分配律，$\bar{\odot}$、$\bar{\oplus}$ 也满足左分配律；

(2) 若 $\odot$、$\oplus$ 满足右分配律，$\bar{\odot}$、$\bar{\oplus}$ 也满足右分配律.

证明　只证明 (1)，(2) 可以完全类似地证明.

设 A 到 $\bar{A}$ 的同态满射是 ϕ，对于 $\forall \bar{a}, \bar{b}, \bar{c} \in \bar{A}$，则存在 $a, b, c \in A$，有

$$\phi : a \to \bar{a}, \quad b \to \bar{b}, \quad c \to \bar{c},$$

那么 $$\phi : a \odot (b \oplus c) \to \bar{a} \,\bar{\odot}\, (\overline{b \oplus c}) = \bar{a} \,\bar{\odot}\, (\bar{b} \,\bar{\oplus}\, \bar{c}),$$

即 $$(a \odot b) \oplus (a \odot c) \to \overline{(a \odot b)} \,\bar{\oplus}\, \overline{(a \odot c)} = (\bar{a} \,\bar{\odot}\, \bar{b}) \,\bar{\oplus}\, (\bar{a} \,\bar{\odot}\, \bar{c}).$$

但 $$a \odot (b \oplus c) = (a \odot b) \oplus (a \odot c),$$

所以 $$\bar{a} \,\bar{\odot}\, (\bar{b} \,\bar{\oplus}\, \bar{c}) = (\bar{a} \,\bar{\odot}\, \bar{b}) \,\bar{\oplus}\, (\bar{a} \,\bar{\odot}\, \bar{c}).$$

虽然一个同态满射一般不是一个一一映射，但由上述讨论，可以看出同态满射在比较集合时，是十分有效的工具.特别一个同态满射可能同时是一个一一映射.这种加强的同态映射也很重要，在比较集合时更有效.

定义 3

设 ϕ 是 A 与 $\bar{A}$ 间的一个一一映射，则称 ϕ 为一个对于二元运算。与 $\bar{\circ}$ 来说的，A 与 $\bar{A}$ 间的**同构映射**（简称**同构**），若对于 $\forall a, b, c \in A$，都有

$$\phi(a \circ b) = \phi(a) \,\bar{\circ}\, \phi(b),$$

并称代数系统 $(A, \circ)$ 与 $(\bar{A}, \bar{\circ})$ **同构**，记为 $(A, \circ) \cong (\bar{A}, \bar{\circ})$. 在不引起混淆的情况下，可以简单记为 $A \cong \bar{A}$.

例 5　设代数系统 $(\mathbf{R}, +)$ 和 $(\mathbf{R}^+, \cdot)$，这里 $\cdot$，$+$ 分别为实数的普通加法和普通乘法，那么

$$\phi : \mathbf{R} \to \mathbf{R}^+,$$
$$x \to 10^x \quad (\forall x \in \mathbf{R})$$

是一个 $\mathbf{R}$ 到 $\mathbf{R}^+$ 的同构映射.因为

$$\phi(x + y) = 10^{x+y} = 10^x \cdot 10^y = \phi(x) \cdot \phi(y).$$

现在我们看两个任意同构的代数系统$(A, \circ)$和$(\bar{A}, \bar{\circ})$, 对于$\forall a, b, c \in A$, 在同构映射ϕ之下, 都有$\bar{a}, \bar{b}, \bar{c} \in \bar{A}$, 满足

$$a \leftrightarrow \bar{a}, b \leftrightarrow \bar{b}, c \leftrightarrow \bar{c}.$$

由于同构映射的性质, 我们知道,

$$a \circ b = c \Leftrightarrow \bar{a} \bar{\circ} \bar{b} = \bar{c}.$$

这就是说, 二元运算$\circ$在A中规定的运算规则同二元运算$\bar{\circ}$在$\bar{A}$中规定的运算规则完全类似, 唯一的不同就在运算的符号. 因此, 若A有一个性质, 这个性质是完全可以用二元运算$\circ$计算得来的, 那么$\bar{A}$就有一个完全类似的性质; 反过来, $\bar{A}$的一个只同二元运算$\bar{\circ}$有关的性质也决定一个完全类似的A的性质. 这就是说, 若是仅就二元运算$\circ$对A和二元运算$\bar{\circ}$对$\bar{A}$的影响来看, A与$\bar{A}$只有形式上的不同, 而没有什么本质上的区别.

于是, 两个代数系统之间的同构关系类似于平面几何中两个三角形的全等关系. 若$(A, \circ)$与$(\bar{A}, \bar{\circ})$同构, 则对于二元运算$\circ$与$\bar{\circ}$来说, A与$\bar{A}$这两个集合, 没有什么区别(只有命名上的不同). 若一个集合有一个只与这个集合的二元运算有关的性质, 那么另一个集合有一个完全类似的性质. 所以, 同构映射是比较两个集合时最有效的工具.

定义4

对于$(A, \circ)$与$(A, \circ)$间的同构映射称为一个对于$\circ$来说的A的**自同构**.

例6 $A = \{1, i, -1, -i\}$, A的二元运算是普通乘法$\times$, 那么

$$\phi: 1 \to -1, -1 \to 1, i \to -i, -i \to i$$

是$(A, \times)$的一个自同构.

例7 设$M = \{$实数上全体n阶矩阵$\}$, 对$\forall A \in M$, 规定映射

$$\phi: M \to M,$$
$$\phi(A) = A^T \quad (A^T \text{为} A \text{的转置矩阵}).$$

那么ϕ是M的自同构. 因为ϕ显然是M的一个一一变换, 同时对$\forall A, B \in M$, 有

$$(A + B)^T = A^T + B^T,$$

所以 $$\phi(A + B) = \phi(A) + \phi(B).$$

但是关于矩阵的乘法, ϕ就不是M的自同构. 因为当$n > 1$时, 有

$$(AB)^T = B^T A^T \neq A^T B^T,$$

所以 $$\phi(AB) = \phi(A)\phi(B).$$

§7 等价关系与集合的分类

在对集合的研究中,有时需要把一个集合分成若干个子集来进行讨论.这时就要用到集合的分类这一个概念.这个概念和另外一个称为等价关系的基本概念有密切的关系.在这一节里,我们就要对这两种概念进行讨论.

首先来看一下什么称为关系.

定义1

对于集合 A、B,子集 $R \subseteq A \times B$ 称为 A 与 B 之间的一个**二元关系**.若有序对 $(a, b) \in R$,称 a 与 b 符合关系 R,记为 aRb;否则,称 a 与 b 不符合关系 R.

当集合 $A = B$,R 是 $A \times A$ 的子集,并称 R 为 A 上的一个二元**关系**,简称 A 上的一个**关系**.

例1 对于整数集 $\mathbf{Z}$,定义二元关系为"大于 $>$",则此二元关系可表示为

$$R = \{(x, y) \mid x, y \in \mathbf{Z}, x > y\}.$$

特别地,有一种非常重要的关系就是等价关系,一般用符号"$\sim$"来表示.

定义2

设"$\sim$"是集合 A 的元间的一个关系,若 $\sim$ 满足以下规律:

(1) **反身性**:$\forall a \in A$,有 $a \sim a$;

(2) **对称性**:$\forall a, b \in A$,有 $a \sim b \Rightarrow b \sim a$;

(3) **传递性**:$\forall a, b, c \in A$,有 $a \sim b, b \sim c \Rightarrow a \sim c$.

则称 $\sim$ 为 A 的一个**等价关系**.若 $a \sim b$,则称 a 与 b 等价.

例2 设 A 是学生集合,规定 A 的元的二元关系 R 为

$$aRb \Leftrightarrow a \text{ 与 } b \text{ 在同一班级}, \forall a, b \in A.$$

这是 A 的一个等价关系.

例3 设整数集 $\mathbf{Z}$ 上的二元关系为

$$R = \{(x, y) \mid x, y \in \mathbf{Z}, x \mid y\}.$$

可以验证 R 具有反身性,传递性,但不具有对称性.因为如,$2 \mid 4$,但 $4 \nmid 2$.

定义3

若把一个集合 A 分成若干个称为类的子集满足 A 每一个元属于而且只属于一个类,

那么这些类的全体称为**集合 A 的一个分类**.

关于等价关系与集合的分类之间有以下关系.

定理 1 集合 A 的一个分类决定 A 的元间的一个等价关系.

证明 利用给的分类来构造一个等价关系,规定

$$a \sim b \Leftrightarrow a, b \text{ 同在一类},$$

显然"$\sim$"是 A 的元间的一个关系.接下来证明它是一个等价关系.

(1) a 与 a 同在一类,所以 $a \sim a$.

(2) 若是 a 与 b 同在一类,那么 b 与 a 也在同一类,即

$$a \sim b \Rightarrow b \sim a.$$

(3) 若是 a、b 同在一类,b、c 同在一类,那么 a、c 也同在一类,即

$$a \sim b, b \sim c \Rightarrow a \sim c$$

定理 2 集合 A 的元间的一个等价关系决定 A 的一个分类.

证明 利用给定的等价关系来构造 A 的一个分类:取定元 $a \in A$,把所有与 a 等价的元构成一个子集,记为 $[a] = \{x \in A \mid x \sim a\}$,称为包含 a 的等价类.这样得到的 A 的所有子集就构成了 A 的一个分类.下面分三步来证明这一点.

(i) $$a \sim b \Rightarrow [a] = [b].$$

若 $a \sim b$,那么由等价关系的传递性以及 $[a]$ 和 $[b]$ 的定义,有

$$c \in [a] \Rightarrow c \sim a \Rightarrow c \sim b \Rightarrow c \in [b],$$

于是 $$[a] \subseteq [b].$$

但由等价关系的对称性,有

$$b \sim a,$$

同理可得 $$[a] \supseteq [b],$$

故 $$[a] = [b].$$

(ii) A 的每一个元 a 只能属于一个类.

假设 $$a \in [b], a \in [c],$$

那么由 $[b]$、$[c]$ 的定义,有

$$a \sim b, b \sim a,$$

这样, $$b \sim c.$$

于是由 (i),有

$$[b] = [c].$$

(iii) A 的每一个元 a 的确属于某一类. 由等价关系的反身性以及等价类的定义, 有

$$a \in [a].$$

定义4

设有一个集合的一个分类, 则一个类里的任何一个元称为这个类的一个**代表**; 刚好由每一类的一个代表作成的集合称为一个**全体代表团**.

现在我们给出整数集 $\mathbf{Z}$ 中元间的非常重要的一个分类. 利用在 §2 中我们定义过的 $\mathbf{Z}$ 上模 n 的同余, 规定 $\mathbf{Z}$ 的元间的一个等价关系 $\sim$:

$$a \sim b \Leftrightarrow a \equiv b(n).$$

由这个等价关系决定的 $\mathbf{Z}$ 的分类称为模 n 的**剩余类**, 记为 $\mathbf{Z}_n$. 容易看出, 任意一个整数一定与 $0, 1, 2, \cdots, n-1$ 这 n 整数中的一个同余; 另一方面, $0, 1, 2, \cdots, n-1$ 这 n 个整数中的任意两个不同的整数都不同余. 因此我们刚好有 n 个不同的剩余类, 即

$$\mathbf{Z}_n = \{[0], [1], [2], \cdots, [n-1]\}.$$

就是:

$$[0] = \{\cdots, -2n, -n, 0, n, 2n, \cdots\},$$

$$[1] = \{\cdots, -2n+1, -n+1, 0, n+1, 2n+1, \cdots\},$$

$$\cdots\cdots$$

$$[n-1] = \{\cdots, -n-1, -1, n-1, 2n-1, 3n-1, \cdots\}.$$

我们通常用 $0, 1, 2, \cdots, n-1$ 来做这 n 个类的全体代表团, 当然也可以用另外的 n 个数, 比方说 $1, 2, \cdots, n-1, n$.

注 在上面假设 $n > 0$, 实际上, 当整数 $n < 0$ 时, 可以完全同样地规定模 n 的同余关系, 由此得到的剩余类与模 $|n|$ 的剩余类完全一样.

习 题

一、单项选择题

1. 设集合 $A = \{a, b, c\}$, 则 A 的真子集个数为( ).

    A. 5   B. 6   C. 7   D. 8

2. 设集合 A 含有 3 个元素, 那么 $A \times A$ 的元素个数是( ).

    A. 3 个   B. 6 个   C. 9 个   D. 12 个

3. 设 A 为实数域上所有 4 阶可逆阵的集合，下列法则不是 A 上的二元运算的是（　　）.

    A. $A \circ B = E$ B. $A \circ B = AB - A - B$

    C. $A \circ B = AB$ D. $A \circ B = 2B$

4. 设 S 是一个非空集，$\circ$ 表示对 S 的任意两个子集求交集的运算，则关于 $\circ$ 下列说法不正确的是（　　）.

    A. $\circ$ 是 S 的一个二元运算   B. $\circ$ 适合交换律

    C. $\circ$ 适合结合律   D. $\circ$ 不适合结合律

5. 以普通除法为二元运算的集合是（　　）.

    A. 自然数集   B. 非零整数集   C. 有理数集   D. 非零实数集

6. 设 $\mathbf{Q}$、$\mathbf{Q}^{+}$ 分别是有理数集和正有理数集，下列对应关系为 $\mathbf{Q}$ 到 $\mathbf{Q}^{+}$ 的单射的是（　　）.

    A. $\phi_1 : x \rightarrow 2^x + 1$ B. $\phi_2 : x \rightarrow 1$

    C. $\phi_3 : x \rightarrow 6x$ D. $\phi_4 : x \rightarrow |x| - 1$

7. 设 $A = \mathbf{R}$，A 的二元运算是普通乘法，那么以下映射作成 A 到 A 的一个子集 S 的同态满射的是（　　）.

    A. $x \rightarrow x + 2$ B. $x \rightarrow |x|$ C. $x \rightarrow \lg x$ D. $x \rightarrow -x$

8. 一个 A 到 $\bar{A}$ 的一一映射 ϕ 被称为一个对于代数运算 $\circ$ 和 $\bar{\circ}$ 来说，A 到 $\bar{A}$ 的同构映射，假如对于 $\forall a, b \in A$，有（　　）.

    A. $\phi(a \circ b) = \phi(a) \bar{\circ} \phi(b)$ B. $\phi(a \circ b) = \phi(a) \circ \phi(b)$

    C. $\phi(a \bar{\circ} b) = \phi(a) \circ \phi(b)$ D. $\phi(a \bar{\circ} b) = \phi(a) \bar{\circ} \phi(b)$

二、填空题

1. 设 $A = \{1, 2\}$，$B = \{2, 4, 5\}$，那么 $A \bigcup B = $_____，$A \bigcap B = $_____.

2. 设 $A = \{1, 2, 3\}$，则 $2^A = $_____.

3. 设集合 A 含有 s 个元素，那么 A 的置换的个数是_____.

4. 设 $S = \{x, y\}$，则 S 的全部子集为_____.

5. 设 $A = \{x, y\}$，则 $A \times A = \{(x, y) \mid x, y \in A\}$ 到 A 的映射的个数是_____.

6. 假设 ϕ 是 A 与 $\bar{A}$ 间的一个一一映射，$a \in A$，那么 $\phi^{-1}[\phi(a)] = $_____，$\phi[\phi^{-1}(a)] = $_____.

7. 模 3 的全体剩余类是_____.

三、简答题

1. 若 $A \bigcap B = A \bigcap C$，那么是否有 $B = C$？若把 $\bigcap$ 改成 $\bigcup$ 时又如何？

2. 设 $A = \{x \mid x \in \mathbf{Z}, x^2 - 3x + 2 = 0\}$，求 A 的幂集 2^A.

3. 设 $A = \mathbf{R}^+$，$\bar{A} = \mathbf{R}$，对于 $\forall x \in A$，下列对应关系是否是 A 到 $\bar{A}$ 的映射？满射？单射？

(1) $x \to 2x-1$；　(2) $x \to \operatorname{tg} x$；　(3) $x \to \pm\sqrt{x}$.

4. 设 S 是数域 F 上全体 $n(n>1)$ 阶方阵的集合. $\forall A \in S$，那么

$$\phi: A \to |A|,$$

其中 $|A|$ 是 A 阶方阵的行列式，是否为 S 到 F 的一个映射？满射？单射？

5. 设集合 $|A|=a$，$|B|=b$，试求：

(1) A 到 B 的单射有多少个？

(2) 若 $A=3$，$B=2$，这时 A 到 B 的满射有多少个？

6. 设 S 是一个非空集合，$\forall A, B \in 2^S$，令

$$A \circ B = A \cup B,$$

则 $\circ$ 是 2^S 的二元运算吗？为什么？

7. 设 S 是集合，问下列各对应关系是否是 S 上的二元运算？

(1) $S=$ 数域 P 上的全体 n 级方阵的集合，$\forall A, B \in S$，对应关系 $A \circ B = AB^{-1}$；

(2) $S=\mathbf{Z}$，对应关系 $a \circ b = a^b$；

(3) $S=\mathbf{R}$，对应关系 $a \circ b = a-ab$.

8. 对于整数集 $\mathbf{Z}$ 来说，

$$\circ_1: a \circ b = ab+1,$$

$$\circ_2: a \circ b = a+b-10$$

是否是 $\mathbf{Z}$ 上的二元运算？若是，是否满足结合律？交换律？

9. 在非零实数集 $\mathbf{R}^*$ 上的普通除法是否适合结合律？交换律？

10. 设 $A=\mathbf{R}$，A 的二元运算普通加法，问下面映射是否是 A 到 A 的一个子集 $\bar{A}$ 的同态满射？

(1) $x \to 2x$；(2) $x \to x+2$；(3) $x \to \sqrt{x}$；(4) $x \to x^2$.

11. 设 $(\mathbf{Q}, +)$，"$+$" 为普通加法，找出 $\mathbf{Q}$ 的一个自同构（除恒等映射外）.

12. 设代数系统 $(A, \circ)$，其中 $A=\{a, b, c\}$，$x \circ y = c$，$\forall x, y \in A$，规定

$$\phi: A \to A$$

为 $f(a)=a$，$f(b)=c$，$f(c)=b$，问 f 是 A 的自同构吗？

13. 下面哪些关系是等价关系？

(1) 设 $\mathbf{Z}$ 是正整数集，$\mathbf{Z}^+$ 上的二元关系 R 定义为

$$(a, b) \sim (c, d) \Leftrightarrow a+d = b+2c.$$

(2) 集合 $=\{1, 2, 3, 4\}$，关系

$$R=\{(1,1), (1,4), (4,1), (4,4), (2,2), (2,3), (3,2), (3,3)\}.$$

(3) 在集合{平面上所有直线}中,规定二元关系 R:

$$l_1 \sim l_2 \Leftrightarrow l_1 /\!/ l_2 \text{ 或 } l_1 = l_2.$$

四、证明题

1. 设 A、B 是两个有限集合.证明:

$$A = B \Leftrightarrow A \bigcup B = A \bigcap B.$$

2. 设 A、B 是两个有限集合.证明:

$$|A \bigcup B| + |A \bigcap B| = |A| + |B|$$

3. 证明:因为 $|A| = r$,故 A 的含 $k(0 \leqslant k \leqslant n)$ 个元素的子集共有 C_n^k 个,从而 A 共有

$$2^n = (1+1)^n = C_n^0 + C_n^1 + \cdots + C_n^n$$

个子集,即 $|2^A| = 2^{|A|}$.

4. **(最大公因式定理)**设 $a, b \in \mathbf{Z}$,a、b 不全为 0,$d = (a, b)$,证明:存在 $p, q \in \mathbf{Z}$,使得

$$pa + qb = d$$

(可用辗转相除法求得 p、q).

5. 假设 $\odot$、$\oplus$ 是 A 的两个二元运算,并且 $\oplus$ 适合结合律,$\odot$、$\oplus$ 适合两个分配律,证明:

$$(a_1 \odot b_1) \oplus (a_1 \odot b_2) \oplus (a_2 \odot b_1) \oplus (a_2 \odot b_2)$$
$$= (a_1 \odot b_1) \oplus (a_2 \odot b_1) \oplus (a_1 \odot b_2) \oplus (a_2 \odot b_2).$$

6. 设 $\mathbf{R}$ 和 $\mathbf{R}^+$ 分别为实数和正实数的集合,则 $x \to 2^x$ 是 $\mathbf{R}$ 到 $\mathbf{R}^+$ 的一一映射.

7. 设代数系统 $(A, \circ)$,$(\bar{A}, \bar{\circ})$,$(\bar{\bar{A}}, \bar{\bar{\circ}})$,这里 $\circ$、$\bar{\circ}$、$\bar{\bar{\circ}}$ 分别是 A、$\bar{A}$、$\bar{\bar{A}}$ 的二元运算,若 $A \sim \bar{A}$,$\bar{A} \sim \bar{\bar{A}}$,证明:$A \sim \bar{\bar{A}}$.

8. 证明:$(\mathbf{Z}, \times)$ 与 $(\{-1, 0, 1\}, \times)$ 同态,这里"$\times$"是普通乘法.

9. 证明:代数系统 $\{\mathbf{R}, +\}$ 与 $\{\mathbf{Z}, +\}$ 不同构,这里"$+$"为普通加法.

10. 设 $A = \{1, 2, 3, 4\}$,在 2^A 中定义二元关系 $\sim$:

$$S \sim T \Leftrightarrow |S| = |T|.$$

证明:$\sim$ 是等价关系,并写出等价类.

11. 在偶数集 $2\mathbf{Z}$ 中,规定二元关系为

$$a \sim b \Leftrightarrow 8 \mid a - b.$$

证明:是 $2\mathbf{Z}$ 上的一个等价关系,并确定相应的等价类.

第2章 群 论

在上一章中我们给出了代数系统的概念,而各种代数系统构成了近世代数的主要研究对象,其中最简单的代数系统就是只有一个二元运算的,这就是本章将要介绍的群.群也是近世代数中最基本的内容之一,它在物理学、化学、生物学、计算机科学等自然科学的领域都有着广泛的应用.

§1 群的定义

群只有一个二元运算,为了方便,我们用符号 ab 来替代之前的符号 $a \circ b$,并把群的二元运算称为**乘法**.根据二元运算的定义,显然有 G 对于乘法来说是闭的,即

$$\forall a, b \in G, 有 ab \in G.$$

定义1

一个非空集合 G 关于一个称为乘法的二元运算构成一个**群**,若

(i) 结合律成立: $(ab)c = a(bc)$, $\forall a, b, c \in G$;

(ii) G 中至少存在一个左单位元 e,有

$$ea = a, \forall a \in G;$$

(iii) 对 $\forall a \in G$,在 G 中至少存在一个左逆元 a^{-1},可使

$$a^{-1}a = e.$$

这时,我们把这个群记为 $(G, \circ)$,在不引起混淆的情况下,我们通常简单记为 G.

例1 集合 $G = \{g\}$,乘法是 $gg = g$. G 关于这个乘法构成一个群.首先由 $gg = g$,故 G 是闭的;并且

(i) 结合律成立,因为 $g(gg)=(gg)g=g$;

(ii) g 就是 G 左单位元,因为 $gg=g$;

(iii) g 在 G 中的左逆元就是 g,因为 $gg=g$.

例 2 全体整数 **Z** 关于普通加法构成一个群(**Z**,+).因为"+"是 **Z** 的一个二元运算,并且

(i) "+"适合结合律,因为 $a+(b+c)=(a+b)+c$;

(ii) 0 就是 **Z** 左单位元,因为 $0+a=a$;

(iii) a 在 **Z** 中的左逆元就是 $-a$,因为 $-a+a=0$.

例 3 设 G 是全体非零整数的集合,G 关于普通乘法不构成一个群.因为,虽然 G 是闭的:两个非零整数的乘积还是非零整数;并且

(i) 结合律成立:$a(bc)=(ab)c$;

(ii) 1 就是 G 左单位元,因为 $1a=a$;

但是,对 $\forall a\neq 1\in G$,a 在 G 中都没有左逆元 a^{-1}.

但若 G 是全体非零有理数的集合,那么 G 对于普通乘法来说构成一个群.

我们可以分别把定义 1 中的左单位元和左逆元对应改为右单位元和右逆元来作为群的定义,即对 $\forall a\in G$,有

(ii)′ $$ae=a;$$

(iii)′ $$aa^{-1}=e.$$

对于一个群 G 我们可以证明 G 有以下性质.

(1) 一个左逆元一定也是一个右逆元,即对 $\forall a\in G$,若 $a^{-1}a=e$,可得 $aa^{-1}=e$. 因为对于元 $a^{-1}\in G$,一定存在元 a',使得 $a'a^{-1}=e$,所以

$$(a'a^{-1})(aa^{-1})=e(aa^{-1})=(ea)a^{-1}=aa^{-1}.$$

但 $$(a'a^{-1})(aa^{-1})=a'[(a^{-1}a)a^{-1}]=a'(ea^{-1})=a'a^{-1}=e,$$

所以 $$aa^{-1}=e.$$

(2) 一个左单位元一定也是一个右单位元,即对 $\forall a\in G$,若 $ea=a$,有 $ae=a$.因为

$$a=ea=(aa^{-1})a=a(a^{-1}a)=ae.$$

定义2

一个群称为**有限群**,若这个群含有有限个元素.否则,这个群为**无限群**.一个有限群 G 中所含元素的个数称为这个**群的阶**,记为 $|G|$.

在一般的群中交换律未必成立.

例 4 设 $G = \{A \mid A$ 是有理数上的 n 阶方阵, $\mid A \mid \neq 0\}$, G 关于矩阵的乘法构成一个群, 因为 G 是闭的: 两个 n 阶方阵的乘积还是一个方阵, 并且

(i) 结合律成立: $A(BC) = (AB)C$;

(ii) 单位矩阵 I 就是 G 左单位元, 因为 $IA = A$;

(iii) A 在 G 中的左逆元就是 A^{-1}, 因为 $A^{-1}A = A$.

显然 G 不是交换群, 因为矩阵 A 关于矩阵乘法不满足交换律.

但在特别的群中交换律是可以成立的, 比如例 1, 2 的群就都有这个性质.

定义 3

一个群称为**交换群**, 若 $ab = ba$, $\forall a, b \in G$.

为了知识的完整性, 我们再介绍一下半群的概念.

定义 4

一个非空集合 S 对于一个称为乘法的二元运算来说构成一个**半群**, 若 S 对于这个乘法结合律成立, 即对 $\forall a, b, c \in S$, 有

$$a(bc) = (ab)c$$

例 5 设 A 是任一非空集合, A 的幂集 2^A, 那么 $(2^A, \cap)$ 和 $(2^A, \cup)$ 都是半群, 因为集合的交和并都是 2^A 的二元运算, 且都满足结合律.

例 6 所有元素为实数 $\mathbf{R}$ 的 n 阶方阵集合 $M_n(\mathbf{R})$, 对于矩阵乘法来说, 构成一个半群, 因为不是每个 n 阶方阵都有逆元. 但是其中由可逆矩阵构成的子集

$$GL_n(\mathbf{R}) = \{A \in M_n(\mathbf{R}) \mid \mid A \mid \neq 0\}$$

对于矩阵乘法来说构成一个群, 称为**一般线性群**.

定理 设 $(G, \circ)$ 是一个半群, 则 G 构成一个群当且仅当对 $\forall a, b \in G$, 方程

$$ax = b, \quad ya = b$$

都在 G 中有解.

证明 首先假设 G 构成一个群. 取 $x = a^{-1}b$, 由 (iii) 知, $a^{-1} \in G$ 存在; 由二元运算的定义知, $a^{-1}b \in G$. G 的这个元显然是方程 $ax = b$ 的解, 因为

$$a(a^{-1}b) = (aa^{-1})b = eb = b.$$

同理可得, ba^{-1} 是方程 $ya = b$ 的解.

反过来, 如果方程 $ax = b$ 和 $ya = b$ 在 G 中都有解. 先证 G 有左单位元, 令 $yb = b$ 的一个解是 e, 则 $eb = b$, 因对 $\forall a \in G$, $bx = a$ 有解, 设解为 c, 即 $bc = a$, 于是

$$ea = e(bc) = (eb)c = bc = a.$$

这样,我们证明了左单位元 e 的存在.

再证明对 $\forall a \in G$, 在 G 中至少存在一个左逆元. 因为 $ya = e$ 在 G 有解, 设解为 a', 即 $a'a = e$, 于是 a' 就是 a 在 G 中的一个左逆元. 由群的定义, G 构成一个群.

§2　单位元、逆元、消去律

现在我们从群的定义出发,证明群的几个极重要的定理.

定理 1　在一个群 G 中存在唯一的元素 e, 使得

$$ea = ae = a \quad (\forall a \in G).$$

证明　由上节可知,这样的 e 是存在的.下面我们来证明唯一性,假设有另一个 e' 也满足条件,即

$$e'a = ae' = a \quad (\forall a \in G),$$

那么
$$e'e = ee' = e = e'.$$

于是我们有

定义 1

一个群 G 中唯一的使得

$$ea = ae = a \quad (\forall a \in G)$$

的元 e 称为群 G 的**单位元**.

定理 2　对于群 G 的每一个元 a, 在 G 中存在唯一的元 a^{-1}, 使得

$$a^{-1}a = aa^{-1} = e.$$

证明　由上节可知,这样的一个 a^{-1} 是存在的.下面我们来证明唯一性,假设还有另一个元 a' 也是满足条件的,即

$$a'a = aa' = e,$$

那么
$$a' = a'e = a'(aa^{-1}) = (a'a)a^{-1} = ea^{-1} = a^{-1}.$$

定义 2

对 $\forall a \in G$, 唯一的使得

$$a^{-1}a = aa^{-1} = e$$

的元 a^{-1} 称为元 a 的**逆元**(有时简称**逆**).

例 1　全体整数对于普通加法来说构成一个群.这个群的单位元是 $0,a$ 的逆元是 $-a$.

例 2　集合 $\mathbf{Z}\setminus\{-1\}$ 关于乘法运算

$$\circ:a\circ b=a+b+ab$$

构成一个群.这时,它的单位元是数 0,且对于任意 $\dfrac{q}{p}\neq-1\in\mathbf{Z}$,有 $\dfrac{q}{p}\circ\left(-\dfrac{q}{p+q}\right)=0$,即 $\dfrac{q}{p}$ 有逆元 $-\dfrac{q}{p+q}$.

设 G 是一个群,对 $\forall a\in G$,我们规定

$$a^n=\overbrace{aa\cdots a}^{n\text{次}},\ n\text{ 是正整数},$$

并且把它称为 **a 的 n 次乘方**(简称 **n 次方**).

$$a^0=e,$$

$$a^{-n}=(a^{-1})^n.$$

于是我们很容易得到,在群 G 中,对于 $\forall m,n\in\mathbf{Z}$,有

$$a^m a^n=a^{m+n},$$

$$(a^m)^n=a^{mn}.$$

定理 3　设 G 是一个群,对 $\forall a,b\in G$,有

(1) $(a^{-1})^{-1}=a$;　(2) $(ab)^{-1}=b^{-1}a^{-1}$.

证明　(1) 从逆元的定义立即可得.

(2) 因为,$(ab)(b^{-1}a^{-1})=a(bb^{-1})a^{-1}=aea^{-1}=aa^{-1}=e.$

同理可证　　　　　　　　　　$(b^{-1}a^{-1})(ab)=e.$

因此,$b^{-1}a^{-1}$ 是 ab 的逆元.

在定理 3 中的(2)还可推广:对 $\forall a_1,a_2,\cdots,a_k\in G$,有

$$(a_1a_2\cdots a_k)^{-1}=a_k^{-1}\cdots a_2^{-1}a_1^{-1}.$$

定义 3

设 a 是群 G 的一个元,使得

$$a^m=e$$

成立的最小的正整数 m,称为元 a 的**阶**.若是这样的一个 m 不存在,则称 a 是**无限阶**的.

关于群和元素的阶,我们有如下结论.

性质 一个有限群的每一个元的阶都有限.

证明 设 G 是一个有限群,而 a 是 G 的任一元,那么元 a, a^2, a^3, $\cdots$ 不可能都不相等,因此存在正整数 i、j(不妨设 $i > j$),使得 $a^i = a^j$.用 a^{-j} 同时乘两边,得

$$a^{i-j} = e. \tag{1}$$

这样,存在正整数 $i-j$,使(1)成立.因此也就存在一个最小的正整数 m,使得 $a^m = e$,所以元 a 的阶是有限的.

这个性质的逆命题不成立,即存在每一个元的阶都是有限的无限群.

例如,由全体单位根构成的集合:

$$U = \bigcup_{m \in \mathbf{Z}} U_m = \{\varepsilon \in \mathbf{Z} \mid \varepsilon^m = 1, m \in \mathbf{Z}\}$$

关于普通乘法构成一个无限群,而显然 U 的每一个元素 ε 的阶都是有限的.

例 3 $G = \left\{\omega_0 = 1, \omega_1 = \dfrac{-1+\sqrt{3}i}{2}, \omega_2 = \dfrac{-1-\sqrt{3}i}{2} \,\middle|\, \omega_i^3 = 1\right\}$,关于普通乘法 G 构成一个群.且群 G 的阶是 3,单位元 1 的阶是 1,元 ω_1 和 ω_2 阶都是 3.

群的另一个极重要的结论是

定理 4 一个群的乘法适合**左右消去律**,即

$$\text{若 } ax = ax', \text{那么 } x = x'. \qquad (\text{左消去律})$$

$$\text{若 } ya = y'a, \text{那么 } y = y'. \qquad (\text{右消去律})$$

证明 设 $$ax = ax',$$

那么 $$ex = (a^{-1}a)x = a^{-1}(ax) = a^{-1}(ax') = (a^{-1}a)x' = ex',$$

即 $$x = x'.$$

同理可证右消去律.

推论 在一个群中,方程

$$ax = b, \quad ya = b$$

各有唯一的解.

定理 5 设 $(G, \circ)$ 是一个有限半群,则

$$G \text{ 构成一个群} \Leftrightarrow \text{左右消去律成立}.$$

证明 我们只需证明充分性.利用 §1 中的定理,我们只需证明:对 $\forall a, b \in G$,方程 $ax = b$ 和 $ya = b$ 都在 G 中有解.假设 G 有 n 个元,即

$$G = \{a_1, a_2, \cdots, a_n\}.$$

我们用 a 从左边来乘 G 中所有的元素而构成一个集合

$$G' = \{aa_1, aa_2, \cdots, aa_n\}.$$

由于乘法的封闭性,有 $\qquad\qquad G' \subseteq G.$

但当 $i \neq j$ 的时候,有

$$aa_i \neq aa_j,$$

否则,由左消去律,$a_i = a_j$,与假设矛盾.因此有 n 个不同的元,故

$$G' = G.$$

这样,方程中的 b 必在 G' 中,即 $b = aa_k$,于是 a_k 就是方程的解.

同理可证,方程 $ya = b$ 在 G 中有解.

一个有限群的乘法运算也可以利用第 1 章学过的二元运算表来表示,称为**乘法表**;并且群的许多性质都可以直接从表中看出:一是封闭性;二是单位元:表里一定有一行元素同横线上的元素一样,也一定有一列元素同垂线左边的元素一样;三是逆元;四是交换律:元素关于对角线对称;最后是消去律:群的乘法表中每一行以及每一列的所有元都不相同,这个条件仅是必要条件,不是充分的.可惜结合律在表中不易看出.

§3　群的同态

我们已经认识了群的定义和群的几个基本的性质.现在我们将利用之前学过的同态、同构这些概念应用到群上,来看一看如何把一个代数系统来同一个群作比较,或如何把两个群作比较.这是研究群的构造的重要方法.

定理 1　设 $(G, \circ)$ 是一个群,$\bar{G}$ 是一个有二元运算 $\bar{\circ}$ 的非空集合. 若存在一个 $(G, \circ)$ 到 $(\bar{G}, \bar{\circ})$ 的同态满射,则 $(\bar{G}, \bar{\circ})$ 也是一个群.

证明　$\bar{G}$ 中的元素显然满足封闭性,且因为 G 的乘法适合结合律,而 G 与 $\bar{G}$ 同态,由第 1 章 §6 的定理 1,$\bar{G}$ 的二元运算也适合结合律,所以 $\bar{G}$ 满足群的定义的条件(i)和(ii).下面我们证明 $\bar{G}$ 也适合(ii)和(iii)这两条.

首先,G 有单位元 e,在所给同态满射之下,e 有象 $\bar{e}$,即

$$e \to \bar{e},$$

可以证明 $\bar{e}$ 就是 $\bar{G}$ 的一个左单位元.设 $\bar{a}$ 是 $\bar{G}$ 的任意元,而 a 是 $\bar{a}$ 的一个逆象,即

$$a \to \bar{a},$$

那么由映射同态,有 $$ea \rightarrow \overline{e}\,\overline{a},$$

且 $$ea = a,$$

故 $$\overline{e}\,\overline{a} = \overline{a}.$$

现在设 $\overline{a}$ 是 $\overline{G}$ 的任意元,a 是 $\overline{a}$ 的一个逆象,即

$$a \rightarrow \overline{a}.$$

因 a 是群 G 的元,a 有逆元 a^{-1}.我们把 a^{-1} 的象记为 $\overline{a^{-1}}$,即

$$a^{-1} \rightarrow \overline{a^{-1}},$$

那么 $$a^{-1}a \rightarrow \overline{a^{-1}}\,\overline{a}.$$

因 $$a^{-1}a = e \rightarrow \overline{e},$$

所以 $$\overline{a^{-1}}\,\overline{a} = \overline{e}.$$

于是,$\overline{a^{-1}}$ 是 $\overline{a}$ 的左逆元,也就是 $\overline{a}$ 的逆元.

例 1 证明:$T = \{z \mid z \in \mathbf{R},\ |z| = 1\}$ 关于普通乘法构成一个群.

证明 由 $(\mathbf{R}, +)$ 是一个群,其中"$+$"是普通加法,规定

$$\phi: \mathbf{R} \rightarrow T,$$

$$x \rightarrow \mathrm{e}^{\mathrm{i}x},\ \forall x \in \mathbf{R}.$$

显然,ϕ 是 $\mathbf{R}$ 到 T 的一个映射.对 $\forall z \in T$,存在 $x \in \mathbf{R}$,使得 $\phi(x) = z$,即 ϕ 是 $\mathbf{R}$ 到 T 的满射;并且 ϕ 是同态映射,因为对于 $\forall x, y \in \mathbf{R}$,有

$$\phi(x + y) = \mathrm{e}^{\mathrm{i}(x+y)} = \mathrm{e}^{\mathrm{i}x}\mathrm{e}^{\mathrm{i}y} = \phi(x)\phi(y),$$

故 ϕ 是 $\mathbf{R}$ 到 T 的满同态,由定理 1,T 是一个群.

注 1 定理 1 的逆命题不一定成立,即若 $(G, \circ) \sim (\overline{G}, \overline{\circ})$,而 $\overline{G}$ 是一个群,但 G 不一定是一个群,如下例.

例 2 $G = \{$所有奇数$\}$,G 对于普通乘法来说不构成一个群.$\overline{G} = \{\overline{e}\}$,$\overline{G}$ 对于乘法来说显然构成一个群.但

$$\phi: a \rightarrow \overline{e},\ \forall a \in G,$$

显然是 G 到 $\overline{G}$ 的一个同态满射.

若 $(G, \circ) \sim (\overline{G}, \overline{\circ})$,则由 G 的代数性质可知 $\overline{G}$ 也有相应的代数性质,反之未变.但我们若是将定理 1 中的同态满射改为同构的话,我们有:

推论 若代数系统 $(G, \circ)$ 与 $(\overline{G}, \overline{\circ})$ 同构,则 G 是一个群当且仅当 $\overline{G}$ 也是一个群.

注 2 在群的同态映射 ϕ 之下,元素与其像的阶不一定相同.**例如**,设 G 是全体整数关于普通加法构成一个群,$\bar{G}=\{g\}$ 关于乘法 $gg=g$ 也构成一个群,容易证明,对 $\forall a \in G$

$$\phi: a \to g$$

是 G 到 $\bar{G}$ 的一个同态映射. 但 G 的每一个元非零元 a 都是无限阶的,而 g 的阶是 1.

但,若 ϕ 是一个同构映射,它们的阶就一定相同.

例 3 设 $G=\left\{\omega_0=1, \omega_1=\dfrac{-1+\sqrt{3}\,\mathrm{i}}{2}, \omega_2=\dfrac{-1-\sqrt{3}\,\mathrm{i}}{2}\,\middle|\,\omega_i^3=1\right\}$,我们已经知道 $\bar{G}$ 关于普通乘法 G 构成一个群.$\bar{G}=\{a, b, c\}$,运算表如下:

	a	b	c
a	a	b	c
b	b	c	a
c	c	a	b

现在规定 $$\phi: G \to \bar{G},$$

$$\phi: \omega_0 \to a, \omega_1 \to b, \omega_2 \to c.$$

显然 ϕ 是 G 到 $\bar{G}$ 的一一映射,并且 ϕ 是一个同态映射,因为 G 和 $\bar{G}$ 的二元运算都是满足交换律的,所以只要证明 $\forall x, y \in G, xy \to \bar{x}\,\bar{y}$,那么 $yx \to \bar{y}\,\bar{x}$ 自然也成立.于是

$$\phi: \omega_0\omega_0 \to a=aa,\ \omega_0\omega_1 \to b=ab,\ \omega_0\omega_2 \to c=ac,$$

$$\omega_1\omega_1 \to c=bb,\ \omega_1\omega_2 \to a=bc,\ \omega_2\omega_2 \to b=cc.$$

所以 ϕ 是 G 到 $\bar{G}$ 的同构映射,故由 G 是群,$\bar{G}$ 也是群.

由定理 1 的证明我们直接得到:

定理 2 设 ϕ 是群 G 到群 $\bar{G}$ 的一个同态满射,那么

(i) G 的单位元 e 在 ϕ 之下的象是 $\bar{G}$ 的单位元;

(ii) G 的元 a 的逆元 a^{-1} 在 ϕ 之下的象是 a 的象的逆元.

在 G 与 $\bar{G}$ 之间的一个同构映射之下,两个单位元互相对应,互相对应的元素的逆元也互相对应.

例如,例 4 中的 G 单位元 ω_0 和 $\bar{G}$ 的单位元 a 相互对应,ω_1 的逆元 ω_2 和 b 的逆元 c 也互相对应.

§4 变 换 群

这一节中我们要讨论一种具体的群,也是群的一个重要类型.这种群中的元素不是通常所记的数,也未必交换;而且这种群是非常重要的,它代表了一切可能的群.

设 A 是一个集合.在第1章§3我们已经定义了 A 的一个变换 τ,就是 A 到 A 自己的一个映射,即

$$\tau : a \to a' = \tau(a).$$

现在为便利起见,对于变换这一种特殊的映射我们采用一种特殊的符号来记:

$$\tau : a \to a' = a^\tau.$$

a^τ 当然不是 a 的 τ 次方的意思,这只是一个符号.而一个集合 A 全体变换的组成的集合就是

$$T_A = \{\tau, \lambda, \mu, \cdots\}.$$

现在我们在 T_A 上定义一个二元运算,并称为**乘法**.对 $\forall \tau, \lambda \in T_A$,规定:

$$\tau\lambda : a \to (a^\tau)^\lambda = a^{\tau\lambda}.$$

显然 $\tau\lambda \in T_A$,因为对于任意 $a \in A$,都有唯一的一个 $(a^\tau)^\lambda$.

这样规定的乘法是满足结合律的,即

$$\tau(\lambda\mu) = (\tau\lambda)\mu,$$

因为

$$\tau(\lambda\mu) : a \to (a^\tau)^{\lambda\mu} = \{(a^\tau)^\lambda\}^\mu,$$
$$(\tau\lambda)\mu : a \to (a^{\tau\lambda})^\mu = \{(a^\tau)^\lambda\}^\mu.$$

S 关于变换乘法的单位元就是 A 的**恒等变换 ε**,因为

$$(a)^{\varepsilon\tau} = (a^\varepsilon)^\tau = a^\tau = (a^\tau)^\varepsilon = (a)^{\tau\varepsilon}.$$

那 S 关于变换乘法到底能不能构成一个群呢? 我们先来看一个例子.

例1 设 $A = \{1, 2\}$,A 的全部变换如下:

$$\tau_1 : 1 \to 1, 2 \to 1, \quad \tau_2 : 1 \to 2, 2 \to 2,$$
$$\tau_3 : 1 \to 1, 2 \to 2, \quad \tau_4 : 1 \to 2, 2 \to 1.$$

那么 $T_A = \{\tau_1, \tau_2, \tau_3, \tau_4\}$ 关于变换乘法是否构成群?

解:显然 T_A 非空,且对于变换乘法满足结合律,且有单位元 $\varepsilon = \tau_3$,那么"逆元"问题

能解决吗? 事实上,τ_1就没有逆元.因为对于任意 $\tau \in T_A$,有

$$\tau\tau_1 : 1 \to (1^\tau)^{\tau_1} = 1,$$
$$2 \to (2^\tau)^{\tau_1} = 1,$$

即 $\tau\tau_1 \neq \varepsilon$.因此 T_A 不能成为群.

因为一个任意的变换 τ 不一定有一个逆元.这样,一般 S 不构成一个群.但是它的一个子集对于变换乘法来说却是可能构成一个群的.

定理1 假设 G 是由集合 A 的若干个变换所构成的集合,并且 G 包含恒等变换 ε.若是对于上述变换乘法来说 G 构成一个群,那么 G 只包含 A 的一一变换.

证明 对 $\forall \tau \in G$,因 G 是群,故存在 $\tau^{-1} \in G$,使得

$$\tau^{-1}\tau = \tau\tau^{-1} = \varepsilon.$$

现在我们证明 τ 是 A 的一一变换.首先由 τ 是 A 的变换,那么对于 A 中的任意元 a 有

$$\tau : a^{\tau^{-1}} \to (a^{\tau^{-1}})^\tau = a^{\tau^{-1}\tau} = a^\varepsilon = a,$$

所以 τ 是 A 到 A 的满射.

假设 $a^\tau = b^\tau$,那么 $(a^\tau)^{\tau^{-1}} = (b^\tau)^{\tau^{-1}}$,即 $a^\varepsilon = b^\varepsilon$,于是 $a = b$.所以 τ 是 A 到 A 的单射.综上,τ 是 G 的一一变换.

这样我们就有:

定义1

———

一个集合 A 的若干个一一变换对于变换乘法构成的一个群称为 A 的一个**变换群**.

我们已经得到了一个由若干一一变换构成的集合构成一个变换群的必要条件,但变换群本身是不是一定存在,换一句话说,我们是不是真的可以找到若干个一一变换,使得它们构成的集合就是一个群呢? 事实上这种群是存在的.

定理2 一个集合 A 的全体一一变换构成一个变换群,记为 $E(A)$.

证明 我们用群的定义来证明.

首先,设 τ_1、τ_2 是 A 的任意两个一一变换,对于 $\forall a \in A$,由 τ_2 是一一变换,有

$$\tau_2 : a' \to a = a'^{\tau_2},$$

又由 τ_1 是一一变换,有

$$\tau_1 : a'' \to a' = a''^{\tau_1},$$

于是

$$\tau_1\tau_2 : a'' \to (a''^{\tau_1})^{\tau_2} = a'^{\tau_2} = a.$$

所以 $\tau_1\tau_2$ 是 A 到 A 的满射.

又设 $a \neq b$，那么

$$a^{\tau_1} \neq b^{\tau_1}, (a^{\tau_1})^{\tau_2} \neq (b^{\tau_1})^{\tau_2},$$

即

$$a^{\tau_1\tau_2} \neq b^{\tau_1\tau_2}.$$

所以，$\tau_1\tau_2$ 是 A 到 A 的单射.这样 $\tau_1\tau_2$ 是一一变换.

(i) 结合律对于一般的变换都成立，所以对于一一变换也成立.

(ii) ε 是一一变换.

(iii) 设 τ 是一个任意的一一变换，那么由第 1 章 §3 的定理，有一个一一变换 τ^{-1}，有以下性质，

$$\tau^{-1}: a \to a^{\tau^{-1}}, \text{假如}(a^{\tau^{-1}})^{\tau} = a,$$

所以

$$\tau^{-1}\tau: a \to (a^{\tau^{-1}})^{\tau} = a,$$

$$\tau^{-1}\tau = \varepsilon.$$

我们称它为 A 的一一变换群.

这样，我们证明了变换群确是存在的.这也是我们第一次碰到的元素不是数的具体群.同时，除了全体一一变换所构成的变换群 $E(A)$ 以外，还有其他的变换群存在.

例 2 设 A 是一个平面的所有的点作成的集合，那么平面的一个绕一个定点的旋转可以看成 A 的一个一一变换，称为 G 包含所有绕一个定点的旋转，那么 G 构成一个变换群.因为若用 τ_θ 来表示转 θ 角的旋转，就有 $\tau_{\theta_1} \circ \tau_{\theta_2} = \tau_{\theta_1+\theta_2} \in G$，则 G 关于"$\circ$"封闭，即"$\circ$"是 G 的一个二元运算，并且

(i) 结合律当然成立；

(ii) 单位变换 $\varepsilon \in G$；

(iii) 对 $\forall \tau_\theta \in G$，有 $\tau_{\theta_{-1}} = \tau_{-\theta} \in G$.

同时，G 显然不包括 A 的全部一一变换.

但变换群一般不是交换群.设 τ_1 是平面的一个平移，它把原点 $(0,0)$ 平移到 $(1,0)$；τ_2 是绕原点转 $\frac{\pi}{2}$ 的旋转，那么 τ_1 和 τ_2 都是例 2 的集合 A 的一一变换，但

$$\tau_1\tau_2: (0,0) \to (0,1),$$

$$\tau_2\tau_1: (0,0) \to (1,0).$$

显然有

$$\tau_1\tau_2 \neq \tau_2\tau_1.$$

这样，通过变换群我们见识到了非交换群.

通过上面的介绍我们认识到变换群是一种非常具体的群，它的元素以及元素之间的

乘法运算都具有明确的具体的意义,并且看到了变换群在数学上,尤其在几何上的实际应用;同时我们还可以通过下面的定理认识到它具有普遍的意义.

定理 3(Cayley 定理)　任何一个群都同一个变换群同构.

证明　设 G 的是一个群,任取 G 中的一个元 x,规定

$$\tau_x: g \rightarrow gx = g^{\tau_x} \quad (\forall g \in G).$$

则 τ_x 是 G 的一个变换.因为给了 G 的任意元 g,我们能够得到一个唯一的 G 的元 g^x.这样对于 G 的每一个元 x,可以得到 G 的一个变换 τ_x.于是作集合 $\overline{G} = \{\tau_a, \tau_b, \tau_c, \cdots\}$,那么

$$\phi: x \rightarrow \tau_x$$

是 G 到 $\overline{G}$ 的满射.同时由左消去律,可得

$$若 x \neq y,那么 \tau_x \neq \tau_y,$$

所以 ϕ 是 G 到 $\overline{G}$ 的满射,故 ϕ 是 G 与 $\overline{G}$ 间的一一映射.再进一步看

$$g^{\tau_{xy}} = g(xy) = (gx)y = (g^{\tau_x})y = (g^{\tau_x})^{\tau_y} = g^{\tau_x \tau_y},$$

即

$$\tau_x \tau_y = \tau_{xy}.$$

所以 ϕ 是 G 与 $\overline{G}$ 间的同构映射,由本章 §3 的定理 1,得 $\overline{G}$ 也是一个群.且 G 的单位元 e 的象

$$\tau_e: g \rightarrow ge = g$$

就是 G 的恒等变换 ε,由本节定理 1,得 $\overline{G}$ 是 G 的一个变换群.这样 G 与 G 的一个变换群 $\overline{G}$ 同构.

这个定理告诉我们,从同构的意义来讲,任意一个抽象群都可以看作一个具体的变换群.

§5　置　换　群

变换群有一种特例,称为置换群.置换群是最早研究的一类群,是产生和形成抽象群的最主要的来源,它起源于代数方程论的研究,是一种重要的有限群.著名的伽罗瓦理论就是把高次方程的根式可解性的研究转化成为对置换群的研究的.这种群还有一个特点,就是它们的元可以用一种很具体的符号来表示,运算比较直观简单.

在第 1 章 §3 中已经给出了置换的定义,就是一个有限集合的一个一一变换.现在我们来给出置换群的定义.

定义 1

一个有限集合的若干个置换构成的一个群称为一个**置换群**.一个包含 n 个元的集合的全体置换构成的群称为 n 次**对称群**.这个群我们用 S_n 来表示.

由上节定理 2，置换群也是存在的，因为 A 的全体置换构成一个群.

由初等代数可知，n 个元的置换一共有 $n!$ 个.因为我们要作 n 个元的一个置换，就是要替每一个元选定一个对象，我们替 a_1 选定对象时，有 n 种可能，选定了以后，再替选 a_2 时，就只有 $n-1$ 种可能，以此类推，可得

$$n(n-1)\cdots 2 \cdot 1 = n!$$

个不同的置换.这样，我们有

定理 1 n 次对称群 S_n 的阶是 $n!$.

通常表示一个置换的符号有两种.我们先看第一种，比如

$$\pi: a_i \rightarrow a_{k_i}\,(i=1, 2, \cdots, n),$$

而这样一个置换所发生的作用完全可以由 $(1, k_1), (2, k_2), \cdots, (n, k_n)$ 这 n 对整数来决定，于是我们可以使用一个二行记号来表示：

$$\pi = \begin{pmatrix} 1 & 2 & \cdots & n \\ k_1 & k_2 & \cdots & k_n \end{pmatrix}.$$

这时，第一行的 n 个数字的次序显然没有什么关系，所以我们也可以将 π 表示为

$$\begin{pmatrix} 2 & 1 & 3 & \cdots & n \\ k_2 & k_1 & k_3 & \cdots & k_n \end{pmatrix}.$$

对于一个置换 $\pi = \begin{pmatrix} 1 & 2 & \cdots & n \\ k_1 & k_2 & \cdots & k_n \end{pmatrix}$，显然有 $\pi^{-1} = \begin{pmatrix} k_1 & k_2 & \cdots & k_n \\ 1 & 2 & \cdots & n \end{pmatrix}$，因为

$$\pi\pi^{-1} = \begin{pmatrix} 1 & 2 & \cdots & n \\ k_1 & k_2 & \cdots & k_n \end{pmatrix}\begin{pmatrix} k_1 & k_2 & \cdots & k_n \\ 1 & 2 & \cdots & n \end{pmatrix} = \varepsilon.$$

例 1 设 $A = \{a_1, a_2, a_3\}$，而

$$\pi: a_1 \rightarrow a_2, a_2 \rightarrow a_3, a_3 \rightarrow a_1$$

是 A 的一个置换，那么，

$$\pi = \begin{pmatrix} 1 & 2 & 3 \\ 2 & 3 & 1 \end{pmatrix}.$$

因为第一行的 3 个数字的次序显然没有什么关系，所以 π 也可以表示为

$$\pi = \begin{pmatrix} 1 & 3 & 2 \\ 2 & 1 & 3 \end{pmatrix} = \begin{pmatrix} 2 & 1 & 3 \\ 3 & 2 & 1 \end{pmatrix} = \begin{pmatrix} 2 & 3 & 1 \\ 3 & 1 & 2 \end{pmatrix} = \begin{pmatrix} 3 & 1 & 2 \\ 1 & 2 & 3 \end{pmatrix} = \begin{pmatrix} 3 & 2 & 1 \\ 1 & 3 & 2 \end{pmatrix},$$

而

$$\pi^{-1} = \begin{pmatrix} 2 & 3 & 1 \\ 1 & 2 & 3 \end{pmatrix} = \begin{pmatrix} 1 & 2 & 3 \\ 3 & 1 & 2 \end{pmatrix}.$$

这样的表示方式,只是将一个 n 元集合 $A = \{a_1, a_1, \cdots, a_n\}$,抽象地表示为它元素的记号 $\{1, 2, \cdots, n\}$,去掉了它们本来的数字涵义,同时利用这种符号可以直接来规定两个置换的乘积,设置换

$$\pi_1 = \begin{pmatrix} 1 & 2 & \cdots & n \\ k_1 & k_2 & \cdots & k_n \end{pmatrix}, \pi_2 = \begin{pmatrix} 1 & 2 & \cdots & n \\ j_1 & j_2 & \cdots & j_n \end{pmatrix},$$

则

$$\pi_1\pi_2 = \begin{pmatrix} 1 & 2 & \cdots & n \\ k_1 & k_2 & \cdots & k_n \end{pmatrix} \begin{pmatrix} 1 & 2 & \cdots & n \\ j_1 & j_2 & \cdots & j_n \end{pmatrix} = \begin{pmatrix} 1 & 2 & \cdots & n \\ k_{j_1} & k_{j_2} & \cdots & k_{j_n} \end{pmatrix}.$$

例 2 设 $\pi_1 = \begin{pmatrix} 1 & 2 & 3 \\ 1 & 3 & 2 \end{pmatrix}, \pi_2 = \begin{pmatrix} 1 & 2 & 3 \\ 2 & 3 & 1 \end{pmatrix} \in S_3,$

$$\pi_1\pi_2 = \begin{pmatrix} 1 & 2 & 3 \\ 1 & 3 & 2 \end{pmatrix} \begin{pmatrix} 1 & 2 & 3 \\ 2 & 3 & 1 \end{pmatrix} = \begin{pmatrix} 1 & 2 & 3 \\ 2 & 1 & 3 \end{pmatrix},$$

$$\pi_2\pi_1 = \begin{pmatrix} 1 & 2 & 3 \\ 2 & 3 & 1 \end{pmatrix} \begin{pmatrix} 1 & 2 & 3 \\ 1 & 3 & 2 \end{pmatrix} = \begin{pmatrix} 1 & 2 & 3 \\ 3 & 2 & 1 \end{pmatrix}.$$

所以 S_3 不是交换群.

无限非交换群我们已经看到过,例 2 是我们遇到的第一个有限非交换群的例子.可以说是一个最小的有限非交换群.可以证明,一个有限非交换群至少要有六个元.

为了说明置换的第二种表示方法,我们先证明置换的一个乘积公式.看两个特殊的置换 π_1, π_2:

$$\pi_1 = \begin{pmatrix} j_1 & \cdots & j_k & j_{k+1} & \cdots & j_n \\ j_1^{(1)} & \cdots & j_k^{(1)} & j_{k+1} & \cdots & j_n \end{pmatrix}, \quad \pi_2 = \begin{pmatrix} j_1 & \cdots & j_k & j_{k+1} & \cdots & j_n \\ j_1 & \cdots & j_k & j_{k+1}^{(2)} & \cdots & j_n^{(2)} \end{pmatrix},$$

则

$$\pi_1\pi_2 = \begin{pmatrix} j_1 & \cdots & j_k & j_{k+1} & \cdots & j_n \\ j_1^{(1)} & \cdots & j_k^{(1)} & j_{k+1}^{(2)} & \cdots & j_n^{(2)} \end{pmatrix}. \tag{1}$$

证明 因为 π_1 是 $a_{j_1}, a_{j_2}, \cdots, a_{j_n}$ 这 n 个元的一个置换,而在 π_1 之下,$a_{j_{k+1}}, \cdots, a_{j_n}$ 已经各是 $a_{j_{k+1}}, \cdots, a_{j_n}$ 的象,所以它们不能再是 $a_{j_i}(i \leqslant k)$ 的象,这就是说:

当 $i \leqslant k$ 时, $\qquad\qquad j_i^{(1)} = j_l, \ l \leqslant k,$

这样,当 $i \leqslant k$ 时, $\qquad a_{j_i}^{\pi_1\pi_2} = (a_{j_i}^{\pi_1})^{\pi_2} = (a_{j_l})^{\pi_2} = a_{j_l} = a_{j_i}^{(1)},$

当 $i > k$ 时，$$a_{j_i}^{\pi_1 \pi_2} = (a_{j_i}^{\pi_1})^{\pi_2} = a_{j_i}^{\pi_2} = a_{j_i}^{(2)}.$$

定义2

设置换 $\pi \in S_n$，若

$$\pi(a_{i_1}) = a_{i_2}, \quad \pi(a_{i_2}) = a_{i_3}, \cdots, \pi(a_{i_k}) = a_{i_l},$$

而使得其余的元(若还有)不变的置换，称为一个 **k-循环置换**.这样的一个置换我们用符号

$$(i_1 i_2 \cdots i_k), (i_2 i_3 \cdots i_k i_1), \cdots \text{ 或} (i_k i_1 \cdots i_{k-1})$$

来表示.

例3 在 S_4 中，

$$\begin{pmatrix} 1 & 2 & 3 & 4 \\ 1 & 2 & 3 & 4 \end{pmatrix} = (1) = (2) = (3) = (4),$$

$$\begin{pmatrix} 1 & 2 & 3 & 4 \\ 1 & 3 & 4 & 2 \end{pmatrix} = (234) = (342) = (423),$$

$$\begin{pmatrix} 1 & 2 & 3 & 4 \\ 2 & 3 & 4 & 1 \end{pmatrix} = (1234) = (2341) = (3412) = (4123).$$

对于一个循环置换有以下两个性质.

性质1 一个 k-循环置换的阶是 k.

因为一个 k-循环置换 $\pi = (i_1 i_2 \cdots i_k)$ 的1次方，2次方，$\cdots$，k 次方分别把 i_1 变成 i_2，i_3，$\cdots$，i_1.同理，π^k 把 i_2 变成 i_2，$\cdots$，把 i_k 变成 i_k.因此 $\pi^k = (1)$.由上面的分析，若是 $l < k$，那么 $\pi^l \neq (1)$.这就证明了 π 的阶是 k.

性质2 设 $(i_1 i_2 \cdots i_k)$ 是一个 k-循环置换，则 $(i_1 i_2 \cdots i_k)^{-1} = (i_k i_{k-1} \cdots i_1)$.

证明 因为 $(i_1 i_2 \cdots i_k)(i_k i_{k-1} \cdots i_1) = (i_k i_{k-1} \cdots i_1)(i_1 i_2 \cdots i_k) = (1)$，所以 $(i_1 i_2 \cdots i_k)^{-1} = (i_k i_{k-1} \cdots i_1)$.

例4 在对称群 S_6 中，有置换 $\pi_1 = (362)$，$\pi_2 = (1325)$，那么

$$\pi_1 \pi_2 = (362)(1325) = (1365).$$

因为 π_1 的阶是3，所以 $\pi_1^{-22} = \pi_1^{-21} \pi_1^{-1} = \pi_1^{-1} = (263)$.

但不是每一个置换都是一个循环置换.例如 S_4 中的 $\pi = \begin{pmatrix} 1 & 2 & 3 & 4 \\ 2 & 1 & 4 & 3 \end{pmatrix}$ 就不是一个循环置换，但它却是两个循环置换的乘积.由公式(1)，我们有：

定理 2 每一个 n 个元的置换 π 都可以写成若干个互相没有共同数字的(不相连的)循环置换的乘积.

证明 设置换 π 最多变动的元的个数为 r,我们对 r 用归纳法.

(1) 若 $r=0$,这时 π 就是恒等变换 ε,定理显然成立.

(2) 假设对于最多变动 $0<r-1(r\leqslant n)$ 的 π,定理成立.那么最多变动 r 个元的 π,我们任意取一个被 π 变动的元 a_{i_1},从 a_{i_1} 出发找到 a_{i_1} 的象 a_{i_2},a_{i_2} 的象 a_{i_3},这样一直找下去,直到我们第一次找到一个 a_{i_k} 为止,这个 a_{i_k} 的象不再是一个新的元,而是我们已经得到的过一个元,即:$a_{i_k}^{\pi}=a_{i_j}$,$j\leqslant k$. 因为我们一共只有 n 个元,这样的 a_{i_k} 是一定存在的,我们说,$a_{i_k}^{\pi}=a_{i_1}$ 因为 $a_{i_j}(2\leqslant j\leqslant k)$ 已经是 $a_{i_{j-1}}$ 的象,不能再是 a_{i_k} 的象.这样,我们得到

$$a_{i_1}\rightarrow a_{i_2}\rightarrow\cdots\rightarrow a_{i_k}\rightarrow a_{i_1}.$$

因为 π 只使 r 个元变动,有 $k\leqslant r$.若 $k=r$,π 本身已经是一个循环置换.若 $k<r$,由公式(1),

$$\pi=\begin{pmatrix}i_1i_2\cdots i_ki_{k+r}\cdots i_ri_{r+1}\cdots i_n\\i_2i_3\cdots i_1i'_{k+1}\cdots i'_ri_{r+1}\cdots i_n\end{pmatrix}$$
$$=\begin{pmatrix}i_1i_2\cdots i_ki_{k+r}\cdots i_ri_{r+1}\cdots i_n\\i_2i_3\cdots i_1i_{k+1}\cdots i_ri_{r+1}\cdots i_n\end{pmatrix}\begin{pmatrix}i_1\cdots i_ki_{k+r}\cdots i_ri_{r+1}\cdots i_n\\i_1\cdots i_ki'_{k+1}\cdots i'_ri_{r+1}\cdots i_n\end{pmatrix}$$
$$=(i_1i_2\cdots i_k)\pi_1.$$

但 π_1 只使得 $r-k<r$ 个元变动,由归纳假设,π_1 可以写成不相连的循环置换的乘积:

$$\pi_1=\eta_1\eta_2\cdots\eta_m.$$

在这些 η 中不会出现 i_1,i_2,$\cdots$,i_k.否则

$$\eta_l=(\cdots i_pi_q\cdots),\text{其中 }p\leqslant k.$$

那么 i_p 同 i_q 不会再在其余的 η 中出现,π_1 也必使 $a_{i_p}\rightarrow a_{i_q}$,但我们知道,$\pi_1$ 使得 a_{i_p} 不动,这是一个矛盾.这样,π 是不相连的循环置换的乘积,即

$$\pi=(i_1i_2\cdots i_k)\eta_1\eta_2\cdots\eta_m.$$

把一个置换写成不相连的循环置换的乘积就是我们表示置换的第二种方法.

例如,S_3 的所有元写成不相连的循环置换的乘积,就是

$$\begin{bmatrix}1&2&3\\1&2&3\end{bmatrix}=(1),\quad\begin{bmatrix}1&2&3\\1&3&2\end{bmatrix}=(23),\quad\begin{bmatrix}1&2&3\\2&1&3\end{bmatrix}=(12),$$

$$\begin{bmatrix}1&2&3\\3&2&1\end{bmatrix}=(13),\quad\begin{bmatrix}1&2&3\\2&3&1\end{bmatrix}=(123),\quad\begin{bmatrix}1&2&3\\3&1&2\end{bmatrix}=(132).$$

例 5 置换

$$\pi = \begin{pmatrix} 1 & 2 & 3 & 4 & 5 & 6 \\ 2 & 3 & 4 & 1 & 6 & 5 \end{pmatrix}$$

$$= \begin{pmatrix} 1 & 2 & 3 & 4 & 5 & 6 \\ 2 & 3 & 4 & 1 & 5 & 6 \end{pmatrix} \begin{pmatrix} 1 & 2 & 3 & 4 & 5 & 6 \\ 1 & 2 & 3 & 4 & 5 & 6 \end{pmatrix}$$

$$= (1234)(56).$$

由定理 2，我们可以得到关于置换的阶的结论.

推论 一个置换的阶等于其不相连的循环置换乘积中的每个置换之长的最小公倍数.

证明 设置换 $\pi = n_1 n_2 \cdots n_k$，这里 $n_1, n_2, \cdots, n_k$ 是不相连的循环置换. 对于 $\forall m \in \mathbf{Z}$，有 $\pi^m = n_1^m n_2^m \cdots n_k^m$，而 $\pi^m = \varepsilon$（恒等变换）当且仅当 $n_i^m (i = 1, 2, \cdots, k) = \varepsilon$. 因此，$\pi$ 的阶等于 $n_1, n_2, \cdots, n_k$ 的阶的最小公倍数，即 π 的阶等于 $n_1, n_2, \cdots, n_k$ 之长的最小公倍数.

如例 5 中的置换 π，因为 (1234) 的阶是 4，(56) 的阶是 2，而 2、4 的最小公倍数为 4，所以 π 的阶是 4.

定理 3 两个不相连的循环置换可换.

证明 设 σ 和 τ 是 S_n 的两个不相连的循环置换. 若数字 i 在 σ 中出现，并且 $\sigma(i) = j \neq i$，则 σ 也会变动 j，否则有 $\sigma(j) = j$，$\sigma(i) = j \neq i$，与 σ 是单射矛盾，由于 σ 和 τ 不相连，i、j 均在 τ 中出现，即 τ 使 i 和 j 均不变，所以 $\tau\sigma(i) = j = \sigma\tau(i)$. 类似地，可以证明若数字 i 在 τ 中出现，所以 $\sigma\tau(i) = j = \tau\sigma(i)$. 最后一种情况，若数字 i 不在 σ 和 τ 中出现，这时 $\sigma\tau(i) = i = \tau\sigma(i)$. 因此 $\sigma\tau = \tau\sigma$.

下面结合高等代数中奇排列和偶排列的概念，讨论奇置换和偶置换的问题，并由此引出交代群的定义.

定义 3

设置换 $\pi = \begin{pmatrix} 1 & 2 & \cdots & n \\ k_1 & k_2 & \cdots & k_n \end{pmatrix} \in S_n$，若第二行的排列 $(k_1 k_2 \cdots k_n)$ 为奇排列，则称 π 为**奇置换**；若第二行的排列 $(k_1 k_2 \cdots k_n)$ 为偶排列，则称 π 为**偶置换**.

显然，一个奇置换和偶置换的逆分别是奇置换和偶置换.

例 6 设 $\pi = \begin{pmatrix} 1 & 2 & 3 & 4 & 5 & 6 \\ 2 & 3 & 4 & 1 & 6 & 5 \end{pmatrix}$，而 (234165) 的逆序数为 4，所以 π 是偶置换.

定理 4 对称群 S_n 中所有偶置换关于置换乘法构成一个群.

证明 记对称群 S_n 中所有偶置换的集合为 A_n. 我们只需按照群的定义加以验证

即可.

(i) 封闭性满足：设 $\forall \pi_1 = \begin{pmatrix} 1 & 2 & \cdots & n \\ k_1 & k_2 & \cdots & k_n \end{pmatrix}$，$\pi_2 = \begin{pmatrix} 1 & 2 & \cdots & n \\ l_1 & l_2 & \cdots & l_n \end{pmatrix} \in A_n$，有

$$\pi_1 \pi_2 = \begin{pmatrix} 1 & 2 & \cdots & n \\ k_1 & k_2 & \cdots & k_n \end{pmatrix} \begin{pmatrix} 1 & 2 & \cdots & n \\ l_1 & l_2 & \cdots & l_n \end{pmatrix}$$

$$= \begin{pmatrix} 1 & 2 & \cdots & n \\ k_1 & k_2 & \cdots & k_n \end{pmatrix} \begin{pmatrix} k_1 & k_2 & \cdots & k_n \\ l_{k_1} & l_{k_2} & \cdots & l_{k_n} \end{pmatrix}$$

$$= \begin{pmatrix} 1 & 2 & \cdots & n \\ l_{k_1} & l_{k_2} & \cdots & l_{k_n} \end{pmatrix}.$$

$$(1 \quad 2 \quad \cdots \quad n) \xrightarrow{\text{偶次交换}} (k_1 \quad k_2 \quad \cdots \quad k_n),$$

$$(k_1 \quad k_2 \quad \cdots \quad k_n) \xrightarrow{\text{偶次交换}} (l_{k_1} \quad l_{k_2} \quad \cdots \quad l_{k_n}),$$

$$(1 \quad 2 \quad \cdots \quad n) \xrightarrow{\text{偶次交换}} (l_{k_1} \quad l_{k_2} \quad \cdots \quad l_{k_n}),$$

即 $\pi_1 \pi_2 \in A_n$.

(ii) 结合律显然成立.

(iii) 有单位元：因为恒等变换 ε 的逆序数为 0，是偶置换，所以 $\varepsilon \in A_n$.

(iv) 设 $\forall \pi = \begin{pmatrix} 1 & 2 & \cdots & n \\ k_1 & k_2 & \cdots & k_n \end{pmatrix} \in A_n$，有 $\pi^{-1} = \begin{pmatrix} k_1 & k_2 & \cdots & k_n \\ 1 & 2 & \cdots & n \end{pmatrix} \in A_n$，使得

$$\pi \pi^{-1} = \begin{pmatrix} 1 & 2 & \cdots & n \\ k_1 & k_2 & \cdots & k_n \end{pmatrix} \begin{pmatrix} k_1 & k_2 & \cdots & k_n \\ 1 & 2 & \cdots & n \end{pmatrix} = \varepsilon,$$

称 A_n 为**交代群**，且由 $|S_n| = n!$，可知 $|A_n| = \dfrac{n!}{2}$.

例如，$A_3 = \{(1), (123), (132)\}$ 就是一个交代群，且 $|A_3| = 3$.

但是 S_n 中所有奇置换关于置换乘法不构成一个群，因为奇置换中不含恒等变换 ε.

定理 5　每一个有限群都与一个置换群同构.

这个定理告诉我们，从同构的意义来讲，任意一个有限群都可以看作一个具体的置换群. 而置换群又是一种比较容易计算的群，所以用置换群来研究有限群是很重要的一种方法.

§6　循　环　群

通过前两节的学习，我们可以发现研究一种群就是要解决这一种群的存在问题、数量

问题和构造问题.我们当然希望对任意给定的群类都能顺利达到这个目的,但事实上这是难以达到的,因为群的构造太复杂.然而有一类群,它不仅对这三个基本问题都有了完满的解答,同时它的代数结构特别简单,所以在群论中是颇有代表性.在这一节里我们要把这个已经完全解决了的一类群讨论一下.

设 G 是一个群,a 是 G 的某一个固定元,若 G 的每一个元都是 a 的乘方,则称 G 为**循环群**,a 称为 G 的一个**生成元**,记为 $G=(a)$.这时也称 G 是由元 a 所生成的.

例1 全体整数对于普通加法来说构成一个整数加群$(G,+)$,这个群的全体的元就都是 1 的乘方.我们知道 1 的逆元是 -1.对于任意正整数 m,有

$$m=\overbrace{1+1+\cdots+1}^{m}=\overbrace{1\circ 1\cdots\circ 1}^{m}=1^{m},$$

$$-m=\overbrace{(-1)+(-1)+\cdots+(-1)}^{m}=\overbrace{(-1)\circ(-1)\circ\cdots\circ(-1)}^{m}=1^{-m}.$$

这样,G 的所有不等于零的元都是 1 的乘方.特别地,0 是 G 的单位元,有

$$0=1^{0}.$$

例2 G 包含模 n 的 n 个剩余类.我们规定 G 一个的二元运算,称为加法,并用普通表示加法的符号$+$来表示.我们用$[a]$来表示 a 这个整数所在的剩余类,规定"$+$":

$$[a]+[b]=[a+b].$$

首先,我们来研究一下这样规定的"$+$"是不是 G 的代数运算.设 $a'\in[a]$,$b'\in[b]$,则$[a']=[a]$,$[b']=[b]$.就是说,

$$a'\equiv a(n),\ b'\equiv b(n),$$

即 $\qquad\qquad n\mid a'-a, n\mid b'-b,$

因此 $\qquad\qquad n\mid(a'-a)+(b'-b),$

$$n\mid(a'+b')-(a+b),$$

这就是说

$$[a'+b']=[a+b].$$

这样,规定的"$+$"是 G 的一个代数运算,且

$$[a]+([b]+[c])=[a]+[b+c]=[a+(b+c)]=[a+b+c],$$

$$([a]+[b])+[c]=[a+b]+[c]=[(a+b)+c]=[a+b+c].$$

这就是说
$$[a]+([b]+[c])=([a]+[b])+[c],$$
并且
$$[0]+[a]=[0+a]=[a],$$
$$[-a]+[a]=[-a+a]=[0].$$

所以对于这个"+"来说,G 构成一个群.这个群称为**模 n 的剩余类加群**,记为 $(\mathbf{Z}_n,+)$.

我们以前说过,普通我们用 $0,1,2,\cdots,n-1$ 来做模 n 的 n 个剩余类的全体代表团.所以普通也用 $[0]$,$[1]$,$\cdots$,$[n-1]$ 来表示这 n 个剩余类.现在我们就用这 n 个固定的符号来做群 G 的一个运算表,使得我们对于这个群有一个更清楚的印象:

	$[0]$	$[1]$	$\cdots$	$[n-2]$	$[n-1]$
$[0]$	$[0]$	$[1]$	$\cdots$	$[n-2]$	$[n-1]$
$[1]$	$[1]$	$[2]$	$\cdots$	$[n-1]$	$[0]$
$\vdots$	$\vdots$	$\vdots$	$\vdots$	$\vdots$	$\vdots$
$[n-1]$	$[n-1]$	$[0]$	$\cdots$	$[n-3]$	$[n-2]$

这样得到的剩余类加群是循环群.$[1]$ 显然是 $\mathbf{Z}_n$ 的一个生成元,因为 G 的每一个元可以写成
$$[i],\ 1\leqslant i\leqslant n,$$
有
$$[i]=\overbrace{[1]+[1]+\cdots+[1]}^{i}=\overbrace{[1]\circ[1]\circ\cdots\circ[1]}^{i}.$$

通过例 1 和例 2,我们分别认识无限和有限这两种循环群,并且通过它们我们就认识了所有的循环群.因为我们有

定理 1 设 G 是一个由元 a 所生成的循环群,即 $G=(a)$,那么 G 的构造完全可以由 a 的阶来决定:

(1) 若 a 的阶是无限,那么 G 与整数加群 $(\mathbf{Z},+)$ 同构;

(2) 若 a 的阶是一个有限整数 n,那么 G 与模 n 的剩余类加群 $(\mathbf{Z}_n,+)$ 同构.

证明 (1) 设 a 的阶无限.这时
$$a^h=a^k\Longleftrightarrow h=k,$$
因为若 $h=k$,可得 $a^h=a^k$.反过来,若 $a^h=a^k$,而 $h\neq k$,不妨设 $h>k$,可以得到 $a^{h-k}=e$,这样,a 的阶 $\leqslant h-k$,与 a 的阶无限矛盾.于是对应关系
$$a^k\to k$$
是 G 与整数加群 $(\mathbf{Z},+)$ 间的一一映射,且

$$a^h a^k = a^{h+k} \rightarrow h+k,$$

所以
$$G \cong \mathbf{Z}.$$

(2) 设 a 的阶是 n，即 $a^n = e$. 这时
$$a^h = a^k \Leftrightarrow n \mid h-k,$$

因为若 $n \mid h-k$，那么 $h-k = nq, h = k+nq$，于是
$$a^h = a^{k+nq} = a^k a^{nq} = a^k (a^n)^q = a^k e^q = a^k.$$

反过来，若 $a^h = a^k$，令 $h-k = nq+r, 0 \leqslant r \leqslant n-1$，那么
$$e = a^{h-k} = a^{nq+r} = a^{nq} a^r = e a^r = a^r.$$

由元素的阶的定义，有 $r=0$，故 $n \mid h-k$. 于是对应关系
$$a^k \rightarrow [k]$$

是 G 与剩余类加群 $\mathbf{Z}_n$ 间的一一映射，且
$$a^h a^k = a^{h+k} \rightarrow [h+k] = [h] + [k],$$

所以
$$G \cong \mathbf{Z}_n.$$

假设有一个循环群，这个群一定有一个生成元，这个元的阶或是无限大，或是一个正整数 n. 从同构的意义上来看，生成元的阶是无限大的循环群只有一个，生成元的阶是给定的正整数 n 的循环群也只有一个. 因此，**同阶的循环群同构**. 且关于循环群的构造，我们也知道得很清楚，设 $G = (a)$，则：

若 a 的阶是无限大，那么 $G = \{\cdots, a^{-2}, a^{-1}, a^0, a^1, a^2, \cdots\}$，
G 的乘法是
$$a^h a^k = a^{h+k};$$

若 a 的阶是 n，那么 $G = \{a^0, a^1, a^2, \cdots, a^{n-1}\}$，
G 的乘法是
$$a^i a^k = a^{r_{ik}}.$$

这里
$$i+k = nq = r_{ik}, 0 \leqslant r_{ik} \leqslant n-1.$$

这样，我们对于循环群的存在问题、数量问题、构造问题都已经解答. 这一节的研讨是近世代数的研讨的一个缩影. 在近世代数里，不管是在群论里还是在其他代数系统里，我们研究一种代数系统就是要解决这一种系统的存在问题、数量问题和构造问题. 假如我们对于这三个问题能得到如同我们对于循环群所得到的这样完满的解答，我们的目的就算达到了. 而关于一个循环群的生成元的个数的问题，我们还有重要结论，首先看一个例题.

例 3 设 $G = \{1, \mathrm{i}, -1, -\mathrm{i}\}$，$G$ 的乘法是普通乘法 $\times$，不难验证 $(G, \circ)$ 是一个循环群. 这里 $|G| = 4$，而 i 的阶是 4，且
$$\mathrm{i}^0 = 1, \mathrm{i}^1 = \mathrm{i}, \mathrm{i}^2 = -1, \mathrm{i}^3 = -\mathrm{i}.$$

于是 $G=(i)$，且 $-i$ 的阶也是 4，于是 $G=(-i)$. 从这里可以看出，一个循环群的生成元不一定是唯一的.

定理 2 设 a 是 n 阶循环群 G 的一个生成元，则

$$G=(a^r) \Leftrightarrow (r, n)=1 \quad (r \text{ 和 } n \text{ 互素}).$$

证明 若 $(r, n)=1$，由互素的定义，一定 $\exists u, v \in \mathbf{Z}$，使得 $ru+nv=1$，于是

$$(a^r)^u = a^{1-nv} = aa^{-nv} = a.$$

另一方面，若 a^r 也生成 G，说明对于某一整数 k，有 $(a^r)^k=a$，所以 $a^{rk}-a=a^{rk-1}=e$，因 a 的阶是 n，所以 $n \mid rk-1$. 这样，

$$rk-1=nq,$$

即

$$rk+nq=1.$$

故 $(r, n)=1$.

由定理 2 可以得到以下两个性质.

性质 1 无限循环群 $G=(a)$ 有只有两个生成元.

证明 因为 G 同构于整数加群，所以我们只须证 $(\mathbf{Z}, +)$ 有且只有两个生成元. 显然 1 和 -1 是 $\mathbf{Z}$ 生成元. 若 $\mathbf{Z}$ 除了 ± 1 外，还有生成元 a，则 $1=na$，这与 $a \neq \pm 1$ 矛盾. 于是 G 只有两个生成元 a 和 a^{-1}.

性质 2 有限循环群 $G=(a)$，且 $|G|=n$，那么

(1) $|G|=$ 生成元 a 的阶；

(2) G 生成元个数等于小于 n 而与 n 互素的个数.

例如，若群 $G=(a)$ 是一个 7 阶群，则 G 的生成元的个数是 6 个.

§7 子 群

与集合比较，群就是多了一个乘法运算，所以群论研究的初步可以仿照集合论去讨论，研究一个群可以利用它的带有相同乘法运算的子集——子群去推测整个群的结构，这是非常重要的一个渠道. 所以子群也是一个非常重要的概念.

我们从群 G 中任取一个非空子集 H，利用 G 的乘法也可以把 H 中的任意两个元相乘. 对于这个乘法来说，H 很可能也构成一个群.

定义 1

一个群 G 的一个非空子集 H 称为 G 的一个**子群**，若 H 对于 G 的乘法也构成一个群.

例 1 对于一个任意群 G 至少有两个子群：

1. G 本身；

2. 只包含单位元的子集 $\{e\}$.

它们称为 G 的**平凡子群**.

例 2 设对称群 S_4，子集 $H = \{(1), (13)\}$ 是 S_4 的一个子群. 因为首先 H 对于 G 的乘法来说是闭的：

$$(1)(1) = (1), \ (1)(13) = (13)(1) = (1), \ (13)(13) = (1).$$

(i) 结合律对于 G 的所有元都成立，对于 H 的元也成立；

(ii) $(1) \in H$；

(iii) (1) 和 (13) 的逆元都是本身，因为

$$(1)(1) = (1) \ \text{和} \ (13)(13) = (1).$$

在子群的定义中，要求群 G 的子集对 G 的乘法运算能构成群，这样的带有运算的子集才算是子群，而不能说群 G 的凡是自成为群的任何子集都是子群. **例如**，群 $(\mathbf{Q}，+)$ 中，全体正有理数的集合 $\mathbf{Q}^+$ 是它的一个子集，$\mathbf{Q}^+$ 对普通乘法运算 $\times$ 构成一个群 $(\mathbf{Q}^+，\times)$，但显然这样的群 $\mathbf{Q}^+$ 不是 $\mathbf{Q}$ 的子群.

按照定义 1，考察一个非空子集 H 关于 G 的乘法是不是 G 的一个子群需要验证四个条件，而事实上，我们并不需要这么麻烦，通过例题可以看出，因为结合律在群 G 中成立，于是对 H 的元素也成立；而子集 H 是非空. 同时又由群的封闭性和结合律，有群 G 的单位元也属于 H. 这样，我们就可以得到下面的结论.

定理 1 一个群 G 的一个非空子集 H 构成 G 的一个子群的充要条件是

(1) $a, b \in H \Rightarrow ab \in H$；

(2) $a \in H \Rightarrow a^{-1} \in H$.

证明 充分性. 由 (1) 知，H 是闭的，同时因为结合律在 G 中成立，所以在 H 中自然成立. 接下来我们证明 $e \in H$，因为 $\forall a \in H$，由 (2)，有 $a^{-1} \in H$，又由 (1)，得 $a^{-1}a = e \in H$，最后由 (2)，对于 $\forall a \in H$，有元 $a^{-1} \in H$，使得 $a^{-1}a = e$. 所以 H 是一个群，自然也就是 G 的一个子群.

必要性. 设 H 是一个子群，(1) 显然成立. 只需证明 (2) 也一定成立. 因 H 是一个群，H 一定有一个单位元，设为 e'. 这样对于 $\forall a \in H$，有 $e'a = a$. 但 e' 和 a 都属于 G，所以 e' 是方程 $ya = a$ 在 G 里的一个解. 但这个方程在 G 里只有一个解，就是 G 的单位元 e，故

$$e' = e \in H.$$

同理，方程 $ya = e$ 在群 H 中有解 a'，且 a' 也是这个方程在 G 中的解，而这个方程在 G 中只有一个解，就是 a^{-1}，故

$$a' = a^{-1} \in H.$$

由必要性的证明过程,可以马上得到以下结论.

推论 设 H 是群 G 的一个子群,那么 H 的单位元就是 G 的单位元,H 的任意元 a 在 H 中的逆元就是 a 在 G 中的逆元.

定理 1 中的两个条件我们也可以用一个条件来代替.

定理 2 一个群 G 的一个非空子集 H 构成 G 的一个子群的充要条件是

(3) $a, b \in H \Rightarrow ab^{-1} \in H.$

证明 充分性.设 $a \in H$,因为 $aa^{-1} = e \in H$,于是

$$ea^{-1} = a^{-1} \in H.$$

若元 $a, b \in H$,由 $b^{-1} \in H$,所以

$$a(b^{-1})^{-1} = ab \in H.$$

由定理 1,可知 H 是 G 的子群.

必要性.若 H 是 G 的一个子群,那么对于任意元 $a, b \in H$,由定理 1 的(2),有 $b^{-1} \in H$,再由定理 1 的(1),有

$$ab^{-1} \in H.$$

例 3 设 $G = GL_2(\mathbf{R})$(数域 $\mathbf{R}$ 上的 2 线性群),$H = \{A \in G \mid \det(A)$ 是 3 的整数次幂$\}$,则 H 是 G 的子群.因为,显然,H 非空.设 $A, B \in H$,则存在 $m, n \in \mathbf{Z}$,使 $\det(A) = 3^m$,$\det(B) = 3^n$,于是

$$\det(AB^{-1}) = \det(A)(\det(B))^{-1} = 3^m 3^{-n} = 3^{m-n}.$$

从而 $AB^{-1} \in H$,所以 H 是 G 的子群.

例 4 对于整数加群$(\mathbf{Z}, +)$,把包含所有 n 的倍数的集合记为

$$H = \{hn\} \quad (h = \cdots, -2, -1, 0, 1, 2, \cdots),$$

那么对于 $\forall hn, kn \in H$,有 $hn + (-kn) = (h-k)n \in H$,而 $-hn$ 是 kn 在 H 中的逆元,这样 H 是 G 的一个子群.

例 5 非负整数集 $H = \{0, 1, 2, \cdots\}$ 是整数集 $\mathbf{Z}$ 的子集,并且对于 $\forall a, b \in H$,$a + b \in H$,但任意非 0 元在 H 中没有逆元,比如 2 的逆元 $-2 \notin H$,所以 H 关于普通加法不是 $\mathbf{Z}$ 的子群.

特别的,若 H 是群 G 的一个非空的有限子集,由于乘法的封闭性,H 若包含元 a,则

必然包含 a 的逆元,这时 H 构成 G 的一个子群的条件就更简单一些.

定理 3 设 H 是群 G 的一个非空有限子集,则

$$H \text{ 构成 } G \text{ 的一个子群} \Leftrightarrow \forall a, b \in H \Rightarrow ab \in H.$$

例 6 设 H 是 n 次对称群 S_n 的一个非空子集且 H 对置换乘法封闭,则 H 是 S_n 的子群.因为 S_n 是一个有限群,由定理 3,非空子集 H 是 G 的子群当且仅当对 $\forall \pi_1, \pi_2 \in H$,有 $\pi_1 \pi_2 \in H$.

例 7 设 $G = \left\{ \begin{bmatrix} 1 & 0 \\ 0 & 1 \end{bmatrix}, \begin{bmatrix} -1 & 0 \\ 0 & 1 \end{bmatrix}, \begin{bmatrix} 1 & 0 \\ 0 & -1 \end{bmatrix}, \begin{bmatrix} -1 & 0 \\ 0 & -1 \end{bmatrix} \right\}$,运算。为矩阵的乘法,则 $(G, \circ)$ 是群.取子集 $H = \left\{ e = \begin{bmatrix} 1 & 0 \\ 0 & 1 \end{bmatrix}, a = \begin{bmatrix} -1 & 0 \\ 0 & 1 \end{bmatrix} \right\}$,由于

	e	a
e	e	a
a	a	e

即 H 关于。是封闭的,所以 H 是 G 的一个子群.

关于子群的交集,还有以下性质.

性质 1 群 G 的任意两个子群的交集也是 G 的子群.

证明 设 H_1 和 H_2 是 G 的子群.设 e 是 G 的单位元.那么 e 属于 H_1 和 H_2,因而

$$e \in H_1 \cap H_2,$$

于是 $H_1 \cap H_2$ 非空.设 $a, b \in H_1 \cap H_2$,那么 $a \in H_1 \cap H_2$,且 $b \in H_1 \cap H_2$,因 H_1 和 H_2 是 G 的子群,所以 ab^{-1} 属于 H_1 和 H_2,从而

$$ab^{-1} \in H_1 \cap H_2,$$

所以 $H_1 \cap H_2$ 是 G 的子群.

我们还可以把这个结论进一步扩展:

性质 2 群 G 的任意多个子群的交集也是 G 的子群.

但是两个子群的并集却不一定是 G 的子群.**例如**,在对称群 S_4 中,子集 $H = \{(1), (13)\}$ 和 $K = \{(1), (12)\}$ 都是 S_4 的子群.但是 $H \cup K = \{(1), (12), (13)\}$ 却不是 S_4 的子群,因为 $H \cup K$ 对置换乘法不封闭,比如 $(12)(13) = (123) \notin S_4$.

下面我们给出构造子群的方法,就是可以从群 G 的任意一个非空的子集 S 出发,来构造出 G 一个子群.设 $S = \{a, b, c, d, \cdots\}$ 是群 G 中的任一个非空子集,当然 S 并不一

定就是一个子群.现在我们首先利用 S 中的元和这些元的逆元,作各种乘积,比如

$$ab, ca^{-n}, b^n cb^{-1}, d, c^{-1}, \cdots.$$

然后我们作一个新的集合 H,使得它刚好包含全部这样的乘积.因为 H 中任意两个元素的乘积还是在 H 中,H 中任意一个元素的逆元也还是在 H 中,由定理1,H 构成 G 的一个子群.

H 显然包含 S.所以

定义2

这个由 S 得到的子群称为由 S **生成的子群**,记为 (S).

而在 G 中,除了 G 和 H 外,可能还有其他的子群也包含 S.但任何一个包含 S 的子群 H' 一定包含 H.因为 H' 是一个子群,必须适合条件(2).由于 $S \subseteq H'$,它必须包含所有的上面所作的那些乘积,所以 $H \subseteq H'$.这样 H 是包含 S 的最小的子群.

特别地,若 $S = \{a\}$,那么 $(S) = (a)$,就是一个循环子群.

§8　子群的陪集

在第 1 章中,我们讨论过利用一个整数 n 和整数集 $\mathbf{Z}$ 上的同余关系

$$a \equiv b(n) \Leftrightarrow n \mid a-b \quad (\forall a, b \in \mathbf{Z})$$

把全体整数 $\mathbf{Z}$ 分成 n 个剩余类.由上节例 4,我们又知道整数加群 G 的子集 $H = \{nk \mid k \in \mathbf{Z}\}$ 恰是它的一个子群.而且若 $n \mid a-b$,则 $a-b = kn$,即是 $a-b \in H$;反之,若 $a-b \in H$,也就有 $n \mid a-b$.所以上述等价关系也可以如下规定:

$$a \equiv b(n) \Leftrightarrow a-b \in H \quad (\forall a, b \in \mathbf{Z}),$$

即

$$a \equiv b(n) \Leftrightarrow ab^{-1} \in H.$$

这样,我们也可以说 G 的剩余类是利用子群 H 来分的.利用一个子群 H 来把一个群 G 分类,正是以上特殊情形的推广.

设 H 是群 G 的一个子群.我们规定一个 G 的元素间的一个关系 $\sim$:

$$a \sim b \Leftrightarrow ab^{-1} \in H \quad (\forall a, b \in H).$$

这是 G 上的等价关系.因为给了 a 和 b,我们可以唯一决定 ab^{-1} 是不是属于 H,所以 $\sim$ 是一个关系.同时,

(1) 由 $aa^{-1}=e\in H$，则 $a\sim a$；

(2) 若 $a\sim b$，即 $ab^{-1}\in H$，于是 $(ab^{-1})^{-1}=ba^{-1}\in H$，则 $b\sim a$；

(3) 若 $a\sim b$，$b\sim c$，即 $ab^{-1}\in H$，$bc^{-1}\in H$，于是 $(ab^{-1})(bc^{-1})=ac^{-1}\in H$，则 $a\sim c$.

利用 $\sim$ 这个等价关系，我们可以得到 G 的一个分类. 包含 a 的等价类可以表示为 $[a]=\{ha\mid h\in H\}$. 因为，若 $b\in[a]$，那么 $b\sim a$，即 $ba^{-1}=h\in H$，则 $b=ha$. 反过来，若 $b=ha$，那么 $ba^{-1}=h\in H$，即 $b\sim a$，则 $b\in[a]$. 于是

定义 1

设 H 是群 G 的一个子群，a 是 G 的一个元素，集合

$$\{ha\mid h\in H\}$$

称为子群 H 的**右陪集**，记为 Ha.

例 1 对称群 S_3，$H=\{(1),(13)\}$，显然 H 是 S_3 的一个子群，那么

$$H(1)=\{(1),(13)\},$$
$$H(12)=\{(12),(132)\},$$
$$H(23)=\{(23),(123)\}.$$

我们还可以用 $(13),(123),(132)$ 来做右陪集

$$H(13),\ H(123),\ H(132)$$

但因为

$$(13)\in H(1),\ (123)\in H(23),\ (132)\in H(12),$$

所以一定有

$$H(13)=H(1),\ H(123)=H(23),\ H(132)=H(12).$$

我们算一个来检验一下：

$$H(123)=\{(123),(23)\}=H(23).$$

所以，子群 H 把整个 G 分成 $H(1)$，$H(12)$，$H(23)$ 这三个不同的右陪集，且有

$$G=H(1)\bigcup H(12)\bigcup H(23),$$
$$H(1)\bigcap H(12)=\varnothing,\ H(1)\bigcap H(23)=\varnothing,\ H(12)\bigcap H(23)=\varnothing.$$

因此，它们就是 G 的一个分类.

通过例 1，并利用分类的概念，我们还可以得出陪集的几个性质.

设 H 是群 G 的一个子群，$\forall a,b\in G$，那么

(1) $G = \bigcup_{a \in G} Ha$；

(2) 任意右陪集 Ha，Hb，有：或者 $Ha \bigcap Hb = \varnothing$，或者 $Ha = Hb$；

(3) $Ha = Hb \Leftrightarrow ab^{-1} \in H$；

(4) $Ha = H \Leftrightarrow a \in H$.

类似地，我们规定 G 的元素间的另一个关系 $\sim'$：

$$a \sim' b \Leftrightarrow b^{-1}a \in H \quad (\forall a, b \in G).$$

那么同以上一样，可以看出 $\sim'$ 也是 G 上的一个等价关系.利用这个等价关系，我们又可以得到 G 的另一个分类.这时，包含 a 的等价类可以表示为 $[a] = \{ah \mid h \in H\}$.于是

定义2

设 H 是群 G 的一个子群，a 是 G 的一个元素，集合

$$\{ah \mid h \in H\}$$

称为子群 H 的**左陪集**，记为 aH.

例2 例1里的 H 的左陪集是

$$(1) \quad H = \{(1), (13)\} = (13)H,$$
$$(2) \quad H = \{(12), (123)\} = (123)H,$$
$$(3) \quad H = \{(23), (132)\} = (132)H.$$

一般地，因为一个群的乘法不一定适合交换律，所以 $\sim$ 和 $\sim'$ 两个关系并不相同，即 H 的左陪集和它的右陪集并不相同.特别地，G 是一个交换群的时候，子群 H 的右陪集和左陪集也就相同了.

例3 整数加群 $(\mathbf{Z}, +)$，$H = (h) = \{kh \mid k \in \mathbf{Z}\}$，因为整数加群是交换群，所以 H 的左右陪集是相等的.由于群的运算是数的加法，这样包 a 的右陪集 $Ha = H + a = \{hn + a\}$.每一个右陪集正好与一个剩余类对应，它们是

$$H + 0 = H = \{km \mid k \in \mathbf{Z}\},$$
$$H + 1 = \{km + 1 \mid k \in \mathbf{Z}\},$$
$$\cdots\cdots$$
$$H + m - 1 = \{km + m - 1 \mid k \in \mathbf{Z}\}.$$

但是一个子群 H 的左、右陪集之间有一个共同点.

定理1 一个子群 H 的右陪集的个数和左陪集的个数相等：它们或者都是无限大，或者都有限并且相等.

证明 设集合 $S_r=\{Ha \mid a\in G\}$，集合 $S_l=\{aH \mid a\in G\}$，这样就只需证明两个集合之间存在一一映射. 规定

$$\phi: Ha \rightarrow a^{-1}H,$$

因为

$$Ha=Hb\Longleftrightarrow ab^{-1}\in H\Longleftrightarrow (ab^{-1})^{-1}=ba^{-1}\in H\Longleftrightarrow a^{-1}H=b^{-1}H.$$

所以 ϕ 是 S_r 到 S_l 的一个单映射. 并且 S_l 的任意元 aH 是 S_r 的元 Ha^{-1} 的象，所以 ϕ 是一个满射；于是，ϕ 是一个 S_r 与 S_l 间的一一映射.

一个群 G 的一个子群 H 的右陪集（或左陪集）的个数称为 H 在 G 中的**指数**，记为 $[G:H]$.

例如，例 1, 2 中 H 在 S_3 中的指数 $[G:H]=3$，例 3 中 H 在 G 中的指数 $[G:H]=n$.

下面我们要用子群 H 的右（左）陪集来证明几个重要定理.

引理 一个子群 H 与 H 的每一个右（左）陪集 Ha 之间都存在一个一一映射.

证明 因为左右陪集的对称性，我们只需证明其中一个就可以. 规定

$$\phi: h \rightarrow ha,$$

那么

(1) H 的每一个元 h 有一个唯一的象 ha；

(2) Ha 的每一个元 ha 是 H 的 h 的象；

(3) 假如 $h_1a=h_2a$，那么 $h_1=h_2$.

所以 ϕ 是 H 与 Ha 间的一一映射.

由引理 1，我们可以得到以下极重要的两个结论.

定理 2 设 H 是一个有限群 G 的一个子群，那么 H 的阶和它在 G 中的指数 $[G:H]$ 都能整除 G 的阶，并且

$$|G|=[G:H]|H|.$$

证明 因为 G 的阶有限，所以 H 的阶和指数 $[G:H]$ 也都有限. G 的所有元素被分为 $[G:H]$ 个右陪集，由引理 1，每一个右陪集都有 $|H|$ 个元，所以 $|G|=[G:H]|H|$.

定理 3 一个有限群 G 的任一个元 a 的阶 m 都整除 G 的阶.

证明 由 a 的阶是 m，则 a 生成一个阶是 m 的子群，由定理 2，得 $m \mid |G|$.

例 4 我们还是看例 1 的 S_3 和 H. 其中 S_3 的阶是 6；H 的阶是 2；H 有三个右陪集，

H 的指数是 3.因为 2 和 3 都整除 6,并且

$$6 = 2 \times 3,$$

S_3 的六个元是:(1),(12),(13),(23),(123),(132).其中 (1) 的阶是 1,(12),(13),(23) 的阶是 2,(123),(132) 的阶是 3,而 1、2、3 都整除 6.

性质 设群的元 a 的阶是 n,那么 a^r 的阶是 $\dfrac{n}{(r, n)}$.

证明 记 $d = (r, n)$.由于 $d \mid r$,$r = ds$,所以

$$(a^r)^{\frac{n}{d}} = (a^{ds})^{\frac{n}{d}} = (a^n)^s = e.$$

现在证明,$\dfrac{n}{d}$ 就是 a^r 的阶.设 a^r 的阶为 k,那么 $k \leqslant \dfrac{n}{d}$.

令

$$\frac{n}{d} = kq + r_1 \quad (0 \leqslant r_1 \leqslant k - 1),$$

得

$$e = (a^r)^{\frac{n}{d}} = (a^r)^{kq + r_2} = (a^r)^{kq} (a^r)^{r_1} = (a^r)^{r_2}.$$

但 $k_1 < k$,而 k 是 a^r 的阶,所以 $r_1 = 0$ 而

$$\frac{n}{d} = kq,$$

得

$$k \ \Big| \ \frac{n}{d}.$$

反过来,由 $a^{rk} = e$,而 a 的阶是 n,同上 $n \mid rk$,因而

$$\frac{n}{d} \ \Big| \ \frac{r}{d} k,$$

但 d 是 n 和 r 的最大公因子,所以 $\dfrac{n}{d}$ 和 $\dfrac{r}{d}$ 互素而有

$$\frac{n}{d} \ \Big| \ k,$$

故

$$k = \frac{n}{d}.$$

§9 不变子群、商群

我们知道,一个群关于它的一个子群的左右陪集一般并不相同,但是也有一些特别的子群,使得这个群关于这样的子群的左右陪集是相同的,具有此特性的子群是一类重要的子群,它在群的理论中起着重要的作用.本节将专门讨论这样的子群,在此之前,我们先介绍一下子集乘积的概念.

定义1

设 S_1, S_2, $\cdots$, S_n 是一个群 G 的 m 个子集.那么由所有可以写成

$$s_1 s_2 \cdots s_m (s_i \in S_i)$$

形成的 G 的元构成的集合称为 $S_1, S_2, \cdots, S_n$ 的**乘积**.这个乘积我们用符号 $S_1 S_2 \cdots S_n$ 来表示.

我们很容易看出子集的乘法满足结合律

$$S_1(S_2 S_3) = (S_1 S_2)S_3,$$

但是一般来说这个乘法不满足交换律.

定义2

一个群 G 的一个子群 N 称为 G 的一个**不变子群**,若对 $\forall a \in G$,都有

$$aN = Na,$$

记为 $N \lhd G$.一个不变子群 N 的一个左(或右)陪集称为 N 的一个**陪集**.

例1 任意群 G 的子群 G 和 $\{e\}$ 都是它的不变子群,因为对 $\forall a \in G$,有

$$Ga = aG = G,$$
$$ea = ae = a.$$

例2 设 G 是群,子集 $C(G) = \{c \in G \mid ca = ac, \forall a \in G\}$ 是 G 的一个不变子群.因为 $e \in N$,所以 $C(G)$ 是非空的.又

$$c_1 a = ac_1, c_2 a = ac_2 \Rightarrow c_1 c_2 a = c_1 ac_2 = ac_1 c_2,$$
$$ca = ac \Rightarrow c^{-1}a = c^{-1}acc^{-1} = c^{-1}cac^{-1} = ac^{-1},$$

即
$$c_1, c_2 \in C \Rightarrow c_1 c_2 \in C; \quad c \in C \Rightarrow c^{-1} \in C.$$

所以 $C(G)$ 是一个子群.同时 G 的每一个元 a 可以同 $C(G)$ 的每一个元 n 交换,所以 $aC(G) = C(G)a$,即 $C(G)$ 是不变子群.这个不变子群 $C(G)$ 称为 G 的**中心**.

例 3　一个交换群 G 的每一个子群 N 都是不变子群.因为 $\forall a \in G$ 可以和 $\forall n \in N$ 交换,即 $na = an$,所以对于一个子群 N 来说,有 $aN = Na$.

例 4　设对称群 S_3,那么

$$N = \{(1), (123), (132)\}$$

是一个不变子群.因为 $N = ((123))$,所以 N 是子群.因

$$N(1) = \{(1), (123), (132)\}, \quad (1)N = \{(1), (123), (132)\},$$

$$N(12) = \{(12), (23), (13)\}, \quad (12)N = \{(12), (13), (23)\}.$$

所以,　　　　$N(1) = N(123) = N(132) = (1)N = (123)N = (132)N,$

$$N(12) = N(23) = N(13) = (12)N = (23)N = (13)N.$$

通过例 4,我们可以看出,所谓 $Na = aN$,是说这 Na 和 aN 两个集合相同,而不是说 a 可以和 N 中的每一个元交换,即是说对 $\forall n \in N, a \in G$,在 N 中可以找到这样的元素 n_1、n_2,使得 $na = an_1, an = n_2 a$.

现在我们来看看,一个子群构成不变子群的两个定理.

定理 1　设 N 是群 G 的一个子群,$\forall a \in G$,$\forall n \in N$,那么

$$N \text{ 是 } G \text{ 的一个不变子群} \Leftrightarrow aNa^{-1} = N.$$

证明　设 N 是 G 的不变子群,那么对 $\forall a \in G$,有

$$aN = Na,$$

则

$$aNa^{-1} = (aN)a^{-1} = (Na)a^{-1} = N(aa^{-1}) = Ne = N.$$

若对于 $\forall a \in G$,有

$$aNa^{-1} = N,$$

那么

$$Na = (aNa^{-1})a = (aN)(a^{-1}a) = (aN)e = aN.$$

所以 N 是不变子群.

定理 2　设 N 是群 G 的一个子群,$\forall a \in G$,$\forall n \in N$,那么

$$N \text{ 是 } G \text{ 的一个不变子群} \Leftrightarrow ana^{-1} \in N.$$

证明　由定理 1,必要性显然成立.下面我们证明它的充分性.因对 $\forall a \in G, n \in N$,有

$$ana^{-1} \in N,$$

即

$$aNa^{-1} \subseteq N.$$

因 a^{-1} 也是 G 的元,有

$$a^{-1}Na \subseteq N, a(a^{-1}Na)a^{-1} \subseteq aNa^{-1},$$
$$N \subseteq aNa^{-1},$$

则

$$aNa^{-1} = N.$$

因而由定理 1,N 是 G 的不变子群.

注:因 a^{-1} 也是 G 的元,故定理 2 的条件可以改写成

$$a^{-1}na \in N.$$

通常要检验一个子群是不是不变子群时,用定理 2 的条件比较方便,因为它指出元素的性质,比证明两个集合相等要简单一些.

例5 行列式等于 1 的全体实 n 阶方阵的集合

$$SL_n(\mathbf{R}) = \{A \in M_n(\mathbf{R}) \mid |A| = 1\}$$

关于矩阵乘法构成一个群,它是全体可逆实 n 阶矩阵构成的一般线性群 $GL_n(\mathbf{R})$ 的子群,称为**特殊线性群**.

下面证明 $SL_n(\mathbf{R})$ 是 $GL_n(\mathbf{R})$ 的正规子群.因为对 $\forall A \in GL_n(\mathbf{R})$,$B \in SL_n(\mathbf{R})$,由 $|ABA^{-1}| = |A| \cdot |B| \cdot |A^{-1}| = |B| = 1$,故 $ABA^{-1} \in SL_n(\mathbf{R})$.

而对于可逆实 n 阶矩阵 $H = \{A = (a_{ij}) \mid a_{ij} = 0, i \neq j$ 且 $|a_{ij}| \neq 0\}$,显然 H 是 $GL_n(\mathbf{R})$ 的子群,但 H 不是正规子群.事实上,若取

$$h = \begin{bmatrix} 1 & & & & \\ & -1 & & & \\ & & 1 & & \\ & & & \ddots & \\ & & & & 1 \end{bmatrix} \in SL_n(\mathbf{R}), a = \begin{bmatrix} 1 & 1 & & & \\ & 1 & & & \\ & & \ddots & & \\ & & & & 1 \end{bmatrix} \in GL_n(\mathbf{R}),$$

则有

$$aha^{-1} = \begin{bmatrix} 1 & 1 & & \\ & 1 & & \\ & & \ddots & \\ & & & 1 \end{bmatrix} \begin{bmatrix} 1 & & & \\ & -1 & & \\ & & 1 & \\ & & & \ddots \\ & & & & 1 \end{bmatrix} \begin{bmatrix} 1 & 1 & & \\ & 1 & & \\ & & \ddots & \\ & & & 1 \end{bmatrix}^{-1} = \begin{bmatrix} 1 & 2 & & \\ & 1 & & \\ & & \ddots & \\ & & & 1 \end{bmatrix} \notin H,$$

所以 H 不是 $SL_n(\mathbf{R})$ 的正规子群.

对于不变子群,我们还有以下几个性质.

性质1 群 G 的两个不变子群的交集也是 G 的不变子群.我们还可以把这个结论进一步扩展为群 G 的任意多个不变子群的交集也是 G 的不变子群.

性质2 任意两个子群的乘积一般不是子群,但是两个不变子群的乘积是不变子群.因为设 H、N 是群 G 的两个不变子群,由于 H 和 N 都非空,所以 HN 也非空.设 $a \in HN$, $b \in HN$,那么

$$a = h_1 n_1, \quad b = h_2 n_2 \quad (h_1, h_2 \in H, n_1, n_2 \in N),$$

$$ab^{-1} = h_1 n_1 n_2^{-1} h_2^{-1} = h_1 n' h_2^{-1} \quad (n' = n_1 n_2^{-1}).$$

由于 N 是一个不变子群,有

$$Hh^{-1} = h^{-1}N, \quad nh_2^{-1} = h_2^{-1}n \quad (n \in N),$$

由此得 $ab^{-1} = (h_1 h_2^{-1})n \in HN$,而 HN 是一个不变子群.

性质3 不变子群不具有传递性,即 G 的不变子群 N 的不变子群 N_1 不一定是 G 的不变子群.

例 对称群 S_4 中,设 $N = \{(1), (12)(34), (13)(24), (14)(23)\}$,显然是 N 是 G 的一个子群.我们证明:N 是 G 的一个不变子群.为了证明这一点,我们只需考察是否对一切 $\pi \in S_4$,等式

$$\pi N \pi^{-1} = N \tag{1}$$

成立.由于任何都可以写成 $(1i)$ 形的 2-循环置换的乘积,我们只需对 $(1i)$ 形的来看等式 (1) 是否成立.又由于 N 中元的对称性,我们只需看 $\pi = (12)$ 的情形,因为

$$(12)\{(1), (12)(34), (13)(24), (14)(23)\}(12)^{-1}$$
$$= \{(1), (12)(34), (14)(23), (13)(24)\}.$$

所以,N 是 S_4 的一个不变子群.设 $N_1 = \{(1), (12), (34)\}$,由于 N 是交换群,N_1 当然是 N 的一个不变子群,但 N_1 不是 S_4 的一个不变子群.因为 $(13)[(12)(34)](13) = (14)(23) \notin N_1$.

不变子群之所以重要,是因为这种子群的陪集,对于某种与原来的群有密切关系的代数运算来说,也构成一个群.

我们知道,一个固定整数 n 的所有倍数构成整数加群 $\mathbf{Z}$ 的一个不变子群 N,而 N 的所有陪集,也就是模 n 的剩余类 $\mathbf{Z}_n$,对于二元运算

$$+ : [a] + [b] = [a + b]$$

来说,构成剩余类加群.那么对于由一个群 G 的任意一个不变子群 N 的所有陪集构成的集合,能否如同 $\mathbf{Z}_n$ 一样,也自然地规定一种运算,使其就成为一个群呢?

设 N 是一个群 G 的一个不变子群,把 N 的所有陪集构成一个集合,记为 G/N,即

$$G/N = \{aN, bN, cN, \cdots\},$$

并规定对应关系

$$(xN)(yN) = (xy)N,$$

那么这个对应关系是 G/N 的一个乘法.要说明这一点,即证明两个陪集 xN 和 yN 的乘积与代表 x 和 y 的选择无关.设

$$xN = x'N, \quad yN = y'N,$$

那么

$$x = x'n_1, \quad y = y'n_2 \quad (n_1, n_2 \in N),$$

$$xy = x'n_1 y'n_2.$$

由于 N 是不变子群,有 $n_1 y' \in Ny' = y'N$,

所以

$$n_1 y' = y'n_3 (n_3 \in N),$$

$$xy = x'y'(n_3 n_2),$$

$$xy \in x'y'N.$$

由此有

$$xyN = x'y'N.$$

定理 3　集合 G/N 关于上述乘法构成一个群.

证明　显然集合 G/N 关于上述乘法运算是封闭的.接下来我们只需按照群的定义逐条验证即可.

(i) 结合律也成立,因为

$$(xNyN)zN = [(xy)N]zN = (xyz)N,$$

$$xN(yNzN) = xN[(yz)N] = (xyz)N;$$

(ii) 　　　　$$eNxN = (ex)N = Xn;$$

(iii) 　　　　$$x^{-1}NxN = (x^{-1}x)N = eN.$$

定义 3

一个群 G 的一个不变子群 N 的陪集所构成的群称为 G 关于 N 的**商群**,记为 G/N.

因为 N 的指数就是 N 的陪集的个数,于是商群 G/N 的阶等于 N 的指数.当 G 是有限群的时候,由 §8 定理 2,有

$$\frac{|G|}{|N|} = |G/N|.$$

例 7　对称群 S_3，不变子群 $N = \{(1),(123),(132)\}$，这时 G/N 含有两个元，即 $G/N = \{(1)N,(12)N\}$。其乘法表为

$\circ$	$(1)N$	$(12)N$
$(1)N$	$(1)N$	$(12)N$
$(12)N$	$(12)N$	$(1)N$

§10　同态与不变子群

本节中我们将看看不变子群、商群和同态映射之间有什么密切关系，并以此找到可以确定群的全部同态象的一种方法。首先来看一下群和它的任一商群之间的关系。

定理 1　一个群 G 同它的每一个商群 G/N 同态。

证明　因为对于 $\forall a \in G$，自然地可以唯一决定 G/N 的一个元，即 a 所在的陪集 aN。于是我们可以规定一个对应关系

$$a \to aN \quad (a \in G),$$

这显然是 G 到 G/N 的一个满射，同时对于 $\forall a,b \in G$，有

$$ab \to abN = (aN)(bN),$$

所以它是一个同态满射，即 $G \sim G/N$。

我们称这个同态满射为 G 到 G/N 的**自然同态**，而 G/N 就是 G 的同态象。

由群 G 的一个子群可以推测整个群 G 的性质，在子群的陪集这一节我们已经看到了一点；而对于群 G 的任一不变子群 N，同时有两个群可以利用，一个是 N 本身，另一个是商群 G/N。现在定理 1 又告诉我们，G 与 G/N 同态，这样我们自然更容易推测 G 的性质。

不变子群的重要性不仅在这一方面，还在于在某种意义下，定理 1 的逆定理也是对的，我们先给出一个概念。

定义1

设 ϕ 是群 G 到群 $\bar{G}$ 的一个同态满射，$\bar{G}$ 的单位元 $\bar{e}$ 在 ϕ 之下的所有逆象所构成的 G 的子集称为 ϕ 的**核**，记为 $\ker\phi$，即

$$\ker\phi = \phi^{-1}(\bar{e}) = \{x \mid \phi(x) = \bar{e}, x \in G\}.$$

定理 2　设 G 和 $\bar{G}$ 是两个群，并且 G 与 $\bar{G}$ 同态，那么这个同态满射 ϕ 的核 $\ker\phi$ 是 G 的一个不变子群，并且

$$G/\ker\phi \cong \bar{G}.$$

证明　我们先证明 $\ker\phi$ 是 G 的一个不变子群.对于 $\forall a,b\in\ker\phi$,有

$$\phi:a\to\bar{e},b\to\bar{e},$$

因此
$$ab^{-1}\to\bar{e}\,\bar{e}^{-1}=\bar{e},$$

即
$$a,b\in\ker\phi\Rightarrow ab^{-1}\in\ker\phi.$$

所以 $\ker\phi$ 是 G 的一个子群.又对 $\forall n\in\ker\phi,a\in G$,在 ϕ 之下有

$$\phi:a\to\bar{a},n\to\bar{e},$$

于是
$$ana^{-1}\to\bar{a}\,\bar{e}\bar{a}^{-1}=\bar{e},$$

即
$$n\in\ker\phi,a\in G\Rightarrow ana^{-1}\in\ker\phi.$$

现在我们证明 $R/\ker\phi\cong\bar{R}$.因为对于 $\forall a\ker\phi\in G/\ker\phi$,其代表元 a 在 ϕ 下对应 $\bar{G}$ 中唯一的象 $\bar{a}$,所以我们可以规定一个对应关系

$$\phi:aN\to\bar{a}=\phi(a)\quad(a\in G),$$

这是一个 $G/\ker\phi$ 与 $\bar{G}$ 间的同构映射,因为以下几点:

(1) $$a\ker\phi=b\ker\phi\Rightarrow b^{-1}a\in\ker\phi\Rightarrow\bar{b}^{-1}\bar{a}=\bar{e}\Rightarrow\bar{a}=\bar{b},$$
所以在 ϕ 之下 $G/\ker\phi$ 的一个元素只有一个唯一的象,即这个对应关系是一个映射;

(2) 对于 $\bar{G}$ 的一个任意元 $\bar{a}$,在 G 中至少有一个元 a 满足条件 $\phi(a)=\bar{a}$,由 ϕ 的定义,有 $a\ker\phi\in G/\ker\phi$,

$$\phi:aN\to\bar{a},$$

所以 ϕ 是 $G/\ker\phi$ 到 $\bar{G}$ 的满射;

(3) ϕ 是 $G/\ker\phi$ 到 $\bar{G}$ 的单射,因为

$$a\ker\phi\neq b\ker\phi\Rightarrow b^{-1}a\overline{\in}\ker\phi\Rightarrow\bar{b}^{-1}\bar{a}\neq\bar{e}\Rightarrow\bar{a}\neq\bar{b};$$

(4) ϕ 保持运算,因为

$$\phi:(a\ker\phi)(b\ker\phi)=ab\ker\phi\to\overline{ab}=\overline{ab}.$$

所以

$$G/\ker\phi\cong\bar{G}.$$

定理 1 告诉我们,一个群 G 和它的每一个商群同态,定理 2 告诉我们,从同构的角度来看,G 只能和它的商群同态,这时,定理 2 正是定理 1 的逆命题.由 G 的任一不变子群都可以得到 G 的一个同态象,反之也对.因此,用不变子群可以决定 G 的所有同态象.另外,当群 G 与群 $\bar{G}$ 同态的时候,$\bar{G}$ 的性质并不同 G 的完全一样,但定理 2 告诉我们,一定找得到 G 的一个不变子群,同态满射的核 $\ker\phi$,使得 $\bar{G}$ 的性质和商群 $G/\ker\phi$ 的完全一样,因此只要掌握了 $G/\ker\phi$,就掌握了 $\bar{G}$,从这里我们可以看出,不变子群和商群的重要意义.

群的自然同态的核是一个不变子群,即若 ϕ 是 G 到 G/N 的自然同态,则 $\ker \phi =$ N. 因为 N 是商群的单位元, $\forall n \in N$,则 $\phi(N)=nN=N$,即 $N \subseteq \ker \phi$. 反之, $\forall x \in$ $\ker \phi$,即 $\phi(x)=xN=N$,从而 $x \in N$,即 $\ker \phi \subseteq N$. 这一件重要事实正是一般事实的特例.

例1 设 G 是群,作 G 上的恒等变换

$$\varepsilon : G \to G,$$
$$g \to g \quad (\forall g \in G).$$

这显然是一个 G 到 G 的自然同态,于是 $\ker \varepsilon = \{e\}$,因此 $G/\{e\} \cong G$.

例2 设 $G=(\mathbf{Z},+),G'=(a),|G'|=6$. 令 $\phi : n \to a^n$,则 ϕ 是 G 到 G' 的满同态. 这时, $\ker \phi=\{n \mid n \in \mathbf{Z},6 \mid n\}=\{6k \mid k \in \mathbf{Z}\}$,即 6 在 G 中生成的循环群. 取 $N=$ $\{6k \mid k \in \mathbf{Z}\}=\ker \phi$,那么, $G/N \cong G'$,即 G/N 是整数加群关于模 6 的剩余类加群,即 $G/N=\mathbf{Z}_6$, $\mathbf{Z}_6$ 与阶数 6 的循环群同构.

若取 $N_1=\{12k \mid k \in \mathbf{Z}\}$,则 $N_1 \subseteq \ker \phi$. 这时 $G/N_1=\mathbf{Z}_{12}$,但 G/N_1 与 G' 不同构. 因为令

$$\phi : [a] \to \phi(a) \quad (a=0,1,2,\cdots,11),$$

则 ϕ 是 G/N_1 到 G' 的满同态,但 ϕ 不单,由于 $\phi([6])=\phi(6)=a^6=e=\phi([0])$,即 $[6]$ 不是 $\mathbf{Z}_{12}$ 的零元.

例3 设 G 是一个循环群, N 是 G 的一个子群,则 G/N 也是循环群.

证明: 设 $G=(a)$,因为 G 是循环群,所以 G 交换,于是 G 的子群 N 是不变子群,这样 G/N 有意义. 对于 $\forall bN \in G/N,b \in G$,因 $b=a^m$,有 $bN=a^m N=(aN)^m$. 所以 $G/N=$ (aN). 即 G/N 也是循环群.

我们知道,在一个同态满射之下,一个群的若干性质是不变的,若干性质是会变的. 让我们看一看,同态满射对于子群和不变子群所发生的影响如何,为说明方便起见,我们先给出子集的象与逆象这两个概念.

设 ϕ 是集合 A 到集合 $\bar{A}$ 的一个满射,

(i) 若 $\bar{S}$ 刚好包含所有 S 的元在 ϕ 之下的象,则称 $\bar{S}$ 是 A 的一个子集 S 在 ϕ 之下的象;

(ii) 若 S 刚好包含所有 $\bar{S}$ 的元在 ϕ 之下的逆象,则称 S 是 $\bar{A}$ 的一个子集 $\bar{S}$ 在 ϕ 之下的逆象.

定理 3　设 G 和 $\bar{G}$ 是两个群,并且 G 与 $\bar{G}$ 同态,那么在这个同态满射之下,

(1) G 的一个子群 H 的象 $\bar{H}$ 是 $\bar{G}$ 的一个子群;

(2) G 的一个不变子群 N 的象 $\bar{N}$ 是 $\bar{G}$ 的一个不变子群.

证明　设 G 到 $\bar{G}$ 的同态满射是 ϕ.

(1) 设 $\forall \bar{a},\bar{b}\in\bar{H}$,有

$$\phi:a\to\bar{a},b\to\bar{b}\quad(a,b\in H),$$

则

$$\phi:ab^{-1}\to\overline{ab^{-1}}.$$

由 H 是子群,有 $ab^{-1}\in H$,又由 $\bar{H}$ 是 H 在 ϕ 之下的象,有 $\overline{ab^{-1}}\in\bar{H}$.于是

$$\bar{a},\bar{b}\in\bar{H}\Rightarrow\bar{a}\bar{b}^{-1}\in\bar{H},$$

所以 $\bar{H}$ 是 $\bar{G}$ 的一个子群.

(2) 设 N 是 G 的一个不变子群,由(1)得 $\bar{N}$ 是 $\bar{G}$ 的一个子群. 又 $\forall\bar{a}\in\bar{G},\bar{n}\in\bar{N}$,有

$$\phi:a\to\bar{a},n\to\bar{n}\quad(a\in G,n\in N),$$

则

$$\phi:ana^{-1}\to\bar{a}\bar{n}\bar{a}^{-1}.$$

由 N 是 G 的不变子群,有 $ana^{-1}\in G$,又由 $\bar{N}$ 是 N 在 ϕ 之下的象,有 $\bar{a}\bar{n}\bar{a}^{-1}\in\bar{N}$.于是,

$$\bar{a}\in\bar{G},\bar{n}\in N\Rightarrow\bar{a}\bar{n}\bar{a}^{-1}\in\bar{N},$$

所以 $\bar{N}$ 是 $\bar{G}$ 的一个不变子群.

定理 4　设 G 和 $\bar{G}$ 是两个群,并且 G 与 $\bar{G}$ 同态,那么在这个同态满射之下,

(1) $\bar{G}$ 的一个子群 $\bar{H}$ 的逆象 H 是 G 的一个子群;

(2) $\bar{G}$ 的一个不变子群 $\bar{N}$ 的逆象 N 是 G 的一个不变子群.

证明　设 G 到 $\bar{G}$ 的同态满射是 ϕ.

(1) 对 $\forall a,b\in H$,有

$$\phi:a\to\bar{a},b\to\bar{b}.$$

由 H 是 $\bar{H}$ 的逆象,有 $\bar{a},\bar{b}\in\bar{H}$,因而 $\bar{a}\bar{b}^{-1}\in\bar{H}$.同时,

$$\phi:ab^{-1}\to\bar{a}\bar{b}^{-1},$$

故 $ab^{-1}\in H$,即

$$a,b\in H\Rightarrow ab^{-1}\in H,$$

所以 H 是 G 的一个子群.

(2) $\bar{N}$ 是 $\bar{G}$ 的一个不变子群,由(1)得,N 是 G 的一个子群.又 $\forall a \in G, n \in N$,有

$$\phi : a \to \bar{a}, \ n \to \bar{n},$$

那么 $\bar{a} \in \bar{G}, \bar{n} \in \bar{N}$,又由 $\bar{N}$ 是不变子群,有 $\bar{a}\bar{n}\bar{a}^{-1} \in \bar{N}$. 同时,

$$ana^{-1} \to \bar{a}\bar{n}\bar{a}^{-1},$$

故 $ana^{-1} \in N$,即

$$a \in G, n \in N \Rightarrow ana^{-1} \in N,$$

所以 N 是 G 的一个不变子群.

这样,一个群的一个子集是否一个子群以及是否一个不变子群这两个性质,在一个同态满射之下是不变的,这一点更增加了子群以及不变子群的重要性.

同态满射的核是不变子群,这一事实显然是定理 4(2) 的一个特例.

例 4 设群 G 与群 $\bar{G}$ 同态,$\bar{N}$ 是 $\bar{G}$ 的一个不变子群,N 是 $\bar{N}$ 的逆象,则 $G/N \cong \bar{G}/\bar{N}$.

证明: 设 G 到 $\bar{G}$ 的同态满射是 ϕ,则

$$\phi : a \to \bar{a} = \phi(a),$$

因为对于 $\forall aN \in G/N$,其代表元 a 在映射 ϕ 下对应 $\bar{G}$ 中唯一的象 $\bar{a}$ 在 $\bar{G}/\bar{N}$ 中的元 $\bar{a}\bar{N}$,所以我们可以规定一个对应关系

$$\phi : aN \to \bar{a}\bar{N} \quad (a \in G),$$

这是一个 G/N 与 $\bar{G}/\bar{N}$ 间的同构映射,因为以下几点:

(1) 若 $aN = bN$,那么 $b^{-1}a \in N$. 由于 $\bar{N}$ 是 N 在 ϕ 之下的象,

$$\overline{b^{-1}a} = \bar{b}^{-1}\bar{a} \in \bar{N},则 \ \bar{a}\bar{N} = \bar{b}\bar{N},$$

所以 ϕ 是 G/N 到 $\bar{G}/\bar{N}$ 的一个映射;

(2) 设 $\bar{a}\bar{N} \in \bar{G}/\bar{N}$,而 $\phi(a) = \bar{a}$,那么

$$\phi : aN \to \bar{a}\bar{N},$$

所以 ϕ 是 G/N 到 $\bar{G}/\bar{N}$ 的一个满射;

(3) ϕ 是 G/N 到 $\bar{G}$ 的单射,因为若 $aN \neq bN$,那么 $b^{-1}a \bar{\in} N$. 由于 N 是 $\bar{N}$ 的逆象,由此得 $\overline{b^{-1}a} = \bar{b}^{-1}\bar{a} \ \bar{\in} \ \bar{N}$,则 $\bar{a}\bar{N} \neq \bar{b}\bar{N}$;

(4) ϕ 保持运算,因为

$$\phi : aNbN = abN \to \overline{ab}\bar{N} = \bar{a}\bar{N}\bar{b}\bar{N},$$

所以

$$G/N \cong \bar{G}/\bar{N}.$$

习 题

一、单项选择题

1. 群 G 被称为是一个无限群,则 G 含元素的个数(　　).

　A. 自然数　　　　　　B. 整数　　　　　　C. 有理数　　　　　　D. ∞

2. 设 G 是一个 6 阶群,则 G 不含有(　　).

　A. 2 阶子群　　　　　B. 3 阶子群　　　　　C. 6 阶子群　　　　　D. 4 阶子群

3. 任何一个群都同构与一个(　　).

　A. 有限群　　　　　　B. 交换群　　　　　　C. 变换群　　　　　　D. 循环群

4. 群 G 称为一个交换群,若对于任意的 a,$b \in G$,有(　　).

　A. $ab = ae$　　　　　B. $ae = ba$　　　　　C. $ab = ab$　　　　　D. $ab = aeb$

5. 设群 $G = (a)$ 是一个 7 阶群,则 G 的生成元的个数是(　　).

　A. 1　　　　　　　　B. 3　　　　　　　　C. 6　　　　　　　　D. 7

6. 设群 $G \sim \bar{G}$ 且 G 是交换的,则 $\bar{G}$ 是(　　).

　A. 有限群　　　　　　B. 无限群　　　　　　C. 循环群　　　　　　D. 交换群

7. 设 G 是 10 阶群,则 G 中任何一个元素 a 的阶不可能是(　　).

　A. 1　　　　　　　　B. 2　　　　　　　　C. 4　　　　　　　　D. 5

8. 设群 $G = (a)$ 且 G 的阶是 4,则 $G = ($　　$)$.

　A. $\{a, a^2, a^3\}$　　　　　　　　　B. $\{a^0, a, a^2, a^3\}$

　C. $\{a^0, a, a^2, a^3, a^4\}$　　　　　D. $\{e, a, a^2, a^4\}$

9. 设 H 是群 G 的一个子群,则 H 是 G 的不变子群的充分必要条件是(　　).

　A. H 在 G 中的指数 2

　B. H 在 G 中的右陪集与左陪集都是一样的

　C. $\forall a \in G$,a 关于 H 的右陪集与左陪集都是不一样的

　D. $\forall a \in G$,a 关于 H 的右陪集与左陪集都是一样的

10. 设 a 是 7 阶群中的不是单位元的元素,则 (a) 不可能是(　　).

　A. (a^7)　　　　　B. (a^4)　　　　　C. (a^2)　　　　　D. (a^6)

11. 设 G 为群,e 为 G 的单位元,$a \in G$,则下面论述错误的是(　　).

　A. 对任意 $a \in G$,有 a 的阶 $= a^{-1}$ 的阶

　B. 设 a 的阶为 n,对任意 $m \in \mathbf{Z}$,若 $a^m = e$,有 $n \mid m$

　C. 设 a 的阶为 n,对任意 $m \in \mathbf{Z}$,有 a^m 的阶为 $\dfrac{n}{(m, n)}$

　D. 设 a 的阶为 n,b 的阶为 m,且 $(m, n) = 1$,则 ab 的阶为 mn

12. 设群 $H = \{3k \mid k \in \mathbf{Z}\}$,则 H 在整数加群 $\mathbf{Z}$ 中所分左陪集不同的是(　　).

A. $8+H$ 和 $7+H$ B. $-1+H$ 和 $8+H$

C. $4+H$ 和 $20+H$ D. $8+H$ 和 $20+H$

13. 下列不是群 G 的非空子集 H 作成 G 的子群的条件的是( ).

  A. 对 $\forall a,b \in H$,有 $a,b \in G$

  B. 对 $\forall a,b \in H$,有 $ab^{-1} \in H$

  C. 对 $\forall a,b \in H$,有 $ab \in H, b^{-1} \in H$

  D. H 为 G 的非空有限子集且满足:对 $\forall a,b \in H$,有 $a,b \in H$

二、填空题

1. 设 $(G,\circ)$ 为群,其中 G 为非零实数集,而乘法"$\circ$"定义为:$a \circ b=abk$,这里 k 是 G 中固定的非零常数,那么群 G 中的单位元 e 是_____,元 x 的逆元是_____.

2. 设 $(\mathbf{Z},\circ)$ 为群,乘法"$\circ$"定义为:$a \circ b=a+b-3$,那么群 G 中的单位元 e 是_____,元 x 的逆元是_____.

3. 任何一个有限群都同构于一个_____.

4. 模 6 剩余类加群 $\mathbf{Z}_6$ 中阶为 3 的元的个数是_____.

5. 设群 G 的阶为 12,H 是 G 的阶为 3 的子群,则 H 在 G 中的指数是_____.

6. 模 8 剩余类加群 $\mathbf{Z}_{11}$ 的生成元个数是_____.

7. 在非零有理数乘群 $\mathbf{Q}^*$ 中,元素 -1 的阶是_____,$\dfrac{1}{2}$ 的阶是_____.

8. 将置换

$$\sigma=\begin{pmatrix} 1 & 2 & 3 & 4 & 5 & 6 & 7 & 8 & 9 & 10 \\ 5 & 3 & 7 & 6 & 1 & 8 & 9 & 4 & 2 & 10 \end{pmatrix}$$

  表示成互不相交的循环置换的乘积是_____,这时 $\sigma^{-1}=$_____,σ 的阶为_____.

三、简答题

1. 设 G 为实数集,定义"$\circ$"为

$$a \circ b=a^2+b^2,$$

  那么 $(G,\circ)$ 是不是一个群? 为什么?

2. 举一个有两个元的群的例.

3. 设 G 为群,$a \in G$. 若的阶为 2,是否有 $a^{-1}=a$?

4. 代数系 $(\mathbf{R},+)$ 到 $(L,\circ)$ 的映射

$$\phi: \mathbf{R} \to L,$$

$$x \to \begin{pmatrix} \cos\theta & \sin\theta \\ -\sin\theta & \cos\theta \end{pmatrix}$$

是同态映射吗？其中 $x = 2k\pi + \theta$，$0 \leqslant \theta < 2\pi$；$L = \left\{ \begin{pmatrix} \cos\theta & \sin\theta \\ -\sin\theta & \cos\theta \end{pmatrix} \middle| 0 \leqslant \theta < 2\pi \right\}$，$\circ$ 是矩阵乘法．

5. 设 τ 是集合 A 的一个非一一变换，τ 会不会有一个左逆元 τ^{-1}，使得 $\tau\tau^{-1} = \varepsilon$？

6. 设在 S_5 中有置换 $\pi_1 = \begin{pmatrix} 1 & 2 & 3 & 4 & 5 & 6 \\ 6 & 5 & 4 & 1 & 3 & 2 \end{pmatrix}$，$\pi_2 = (13)(45)$，求

   （1）π_2 的阶；

   （2）$\pi_1\pi_2\pi_1^{-1}$ 及其阶；

   （3）π_1^{-9}．

7. 把下面置换写成不相交的循环置换的乘积，找出每个置换的阶，并说明它的奇偶性．

   （1）$\begin{pmatrix} 1 & 2 & 3 & 4 & 5 & 6 \\ 6 & 1 & 2 & 3 & 4 & 5 \end{pmatrix}$；

   （2）$\begin{pmatrix} 1 & 2 & 3 & 4 & 5 & 6 & 7 \\ 2 & 4 & 6 & 1 & 5 & 7 & 3 \end{pmatrix}$．

8. 找出 S_3 中所有的不能和 $\begin{pmatrix} 1 & 2 & 3 \\ 2 & 3 & 1 \end{pmatrix}$ 交换的元．

9. 设 G 是无限阶的循环群，$\bar{G}$ 是任何循环群．是否存在 G 到 $\bar{G}$ 的同态满射，使得 G 和 $\bar{G}$ 同态？

10. 循环群一定是交换群？

11. 设 $G = (a)$ 为 12 阶循环群，求 G 的每一个元的阶与所有生成元．

12. 写出 S_3 的所有子群．

13. 写出模 12 的剩余类加群 $\mathbf{Z}_{12}$ 的所有子群．

14. 22 阶群含有只包含 8 个元素的子群吗？为什么？

15. 一个群的两个不同子集可能生成相同的子群？

16. 设 S_8 中 $\pi_1 = (1867)(253)$，$\pi_2 = (12765)(84)$，求 $\pi_1^{2000}\pi_2^{-1}$ 生成的群的阶．

17. 设 H 是 G 的子群，试问 H 的所有左陪集中是否有 G 的子群，都是哪些？为什么？

18. 指数是 2 的子群一定是不变子群吗？

19. S_4 中 $\{(1), (123), (132)\}$ 是不变子群吗？

20. 设 H 是 G 的子群，N 是 G 的不变子群．证明，HN 是 G 的子群？不变子群？

21. 设 $G = \{A \mid A$ 是有理数上的 n 阶方阵，$|A| \neq 0\}$，G 关于矩阵的乘法构成一个群．映射 $\phi: A \rightarrow |A|$ 是 G 到 $(\mathbf{R}^*, \times)$ 是同态映射吗？若是，求出它的核．

22. 设 ϕ 是一个集合 A 到集合 $\bar{A}$ 的满射．若 A 的子集 S 是 $\bar{A}$ 的子集的逆象，$\bar{S}$ 是否一定是 S 的象？若 $\bar{S}$ 是 S 的象，S 又是否一定 $\bar{S}$ 是的逆象？

23. 设 G 是一个循环群，N 是 G 的一个子群．这时 G/N 也是循环群吗？

四、证明题

1. 设 $G = \{(a, b) \mid a, b \in \mathbf{R}, a \neq 0\}$，规定

$$(a, b) \circ (c, d) = (ac, ad + b).$$

证明：$(G, \circ)$ 是一个群.

2. 在整数集 $\mathbf{Z}$ 中，规定一个二元运算

$$a \circ b = a + b - 2 \quad (\forall a, b \in \mathbf{Z}).$$

证明：$(\mathbf{Z}, \circ)$ 是一个交换群.

3. 若群 G 的每一个元都适合方程 $x^2 = e$，那么 G 是交换群.

4. 设 a 和 b 是群 G 的任意两个元.证明：

   (1) a 的阶和 a^{-1} 的阶相同；

   (2) ab 的阶和 ba 的阶相同.

5. 证明：在一个有限群里，阶大于 2 的元的个数一定是偶数.

6. 设 G 是一个偶数阶群，则 G 中阶等于 2 的元的个数一定是奇数.

7. 证明：G 是一个交换群当且仅当映射

$$f: G \to G,$$
$$x \to x^{-1} \quad (\forall x \in G)$$

是 G 的自同构.

8. 设 A 是所有实数构成的集合，规定 A 上的变换为

$$x \to ax + b \quad (a、b \text{ 为有理数}, a \neq 0).$$

证明：A 上这样规定的全体变换构成一个变换群.这个群是不是一个交换群？

9. 在群 S_4 中，令 $B_4 = \{(1), (12)(34), (13)(24), (14)(23)\}$.证明：$B_4$ 对于置换乘法是群（称为**克莱茵四元群**）.

10. 证明：S_n 的每一个元都可以写成

$$(12), (13), \cdots, (1n)$$

这 $n-1$ 个 2-循环置换中的若干个乘积.

11. 设 G 是循环群，并且 G 与 $\bar{G}$ 同态，证明：$\bar{G}$ 也是循环群.

12. 设 H 是群 G 的非空子集.H 为群 G 的子群当且仅当

   (1) $HH \subseteq H$；

   (2) $H^{-1} \subseteq H$.

13. 证明：群 G 的任意多个子群的交集也是 G 的子群.

14. 证明：循环群的子群也是循环群.

15. 设 H 是群 G 的一个非空子集并且 H 的每一个元的阶都有限.证明：H 构成一个子群的充要条件是

$$a, b \in H \Rightarrow a, b \in H.$$

16. 证明：阶是素数的群一定是循环群.

17. 证明：阶是 p^m 的群(p 是素数,$m \geqslant 1$)一定包含一个阶是 p 的子群.

18. 设 a 和 b 是一个群 G 的两个元,a 的阶是 m,b 的阶是 n,并且 $(m, n) = 1$.若 $ab = ba$,那么 ab 的阶是 mn.

19. 设 $\sim$ 是一个群 G 的元间的一个等价关系,并且对于 $\forall a, x, x' \in G$,有

$$ax \sim ax' \Rightarrow x \sim x'.$$

证明：与 G 的单位元 e 等价的元所作成的集合是 G 的一个子群.

20. 若我们把同构的群看成一样的,一共只存在两个阶是 4 的群,它们都是交换群.

21. 设群 G 的不变子群 N 的阶是 2.证明：G 的中心包含 N.

22. 证明：两个不变子群的交集还是不变子群.

23. 任意两个子群的乘积一般不是子群.

24. 一个群 G 的可以写成 $a^{-1}b^{-1}ab$ 形式的元称为换位子.证明：

   (1) 所有有限个换位子的乘积作成的集合 C 是 G 的一个不变子群；

   (2) C/G 是交换群；

   (3) 若 N 是 G 的一个不变子群,并且 G/N 是交换群,那么

$$C \subseteq G.$$

25. 设群 G 与群 $\bar{G}$ 同态,$\bar{N}$ 是 $\bar{G}$ 的一个不变子群,N 是 $\bar{N}$ 的逆象.证明：

$$G/N \cong \bar{G}/\bar{N}.$$

26. 设 G 和 $\bar{G}$ 是两个有限循环群,它们的阶各是 m 和 n.证明：G 与 $\bar{G}$ 同态当而且只当 $n \mid m$.

和群比起来,环是一个有两个二元运算的代数系统,因此环有一些特殊的性质;但环又是建立在群的基础上的,因此它的许多基本概念与性质又是群的相应内容的推广.读者在学习这一章时,应随时与群的相应概念与性质进行比较,这样既能复习前面的内容,又可以学习新的知识.下面首先介绍环的基本概念.

§1 环 的 定 义

群的二元运算我们虽然采用了乘法的符号来表示,但事实上,一个二元运算用什么符号来表示是没有关系的.对于一个交换群的二元运算,在某种场合之下,用加法的符号来表示更为方便.

定义1

一个交换群称为一个**加群**,若我们把这个群的二元运算称为**加法**,并记为"+".

群论里的许多表示方式都是因为把群的二元运算采用了乘法的符号才那样选择的.因此在加群里符号一改变,许多计算规则的形式自然也跟着改变.现在我们简单地说明一下加群的符号和计算规则.

由于加群的加法适合结合律,n 个元 a_1,a_1,$\cdots$,a_n 的和有意义,这个和我们有时用的符号 $\sum\limits_{i=1}^{n} a_i$ 来表示,即

$$\sum_{i=1}^{n} a_i = a_1 + a_2 + \cdots + a_n.$$

一个加群 R 的唯一的单位元我们用 0 来表示,并称它为**零元**.这样我们有以下计算

规则:

(1)
$$0+a=a+0 \quad (\forall a \in R).$$

元 a 的唯一的逆元我们用 $-a$ 来表示,并称它为 a 的**负元**(简称**负** a).元 $a+(-b)$ 我们简写成 $a-b$(念成 a 减 b).由这两个定义以及交换群的性质,我们有以下计算规则:

(2)
$$-a+a=a-a=0.$$

(3)
$$-(-a)=a.$$

(4)
$$a+c=b \Leftrightarrow c=b-a.$$

(5)
$$-(a+b)=-a-b, \quad -(a-b)=-a+b.$$

要证明(5)的第一式,由 $-(a+b)$ 的定义,只需证明

$$(-a-b)+(a+b)=0.$$

而事实上,

$$(-a-b)+(a+b)=-a+(-b)+a+b=0.$$

记 n 个 a 的和(n 是正整数)为 n,并且称它为 **a 的 n 倍**(简称 **n 倍 a**):

$$na=\overbrace{a+a+\cdots+a}^{n个}.$$

正如乘法群的情形一样,我们进一步规定:

$$(-n)a=-(na), \quad 0a=0.$$

这里第一个 0 是整数零,第二个 0 是加群的零元.这样规定以后,对于 $\forall m, n \in \mathbf{Z}$ 与 $\forall a, b \in R$ 来说,都有

$$ma+na=(m+n)a.$$

(6)
$$(mn)a=m(na).$$
$$n(a+b)=na+nb.$$

这样,加群的一个非空子集 S 作为一个子群的充要条件是:

$$a, b \in S \Rightarrow a+b \in S,$$
$$a \in S \Rightarrow -a \in S,$$

或是

$$a, b \in S \Rightarrow a-b \in S.$$

现在让我们看一看,什么称为一个环.

定义2

设 R 是一个非空集合,R 上有两个二元运算,一个称为加法"$+$",一个称为乘法

"。",若满足

    (1) $(R, +)$ 是一个加群；

    (2) $(R, \circ)$ 是一个半群；

    (3) 两个分配律都成立，即对 $\forall a, b, c \in G$，有

$$a(b+c) = ab + ac,$$
$$(b+c)a = ba + ca,$$

则称 $(R, +, \circ)$ 为一个**环**.

    例 1   全体整数 **Z** 作成的集合对于普通加法和乘法来说作成一个环 $(\mathbf{Z}, +, \circ)$. 同样地，$(\mathbf{Q}, +, \circ)$，$(\mathbf{R}, +, \circ)$，$(\mathbf{C}, +, \circ)$ 都是一个环.

    例 2   所有元素为实数 **R** 的 n 阶方阵集合 $M_n(\mathbf{R})$，对于矩阵加法"+"和矩阵乘法"。"来说，构成一个环 $(M_n(\mathbf{R}), +, \circ)$，称它为 **R** 上的 n 阶**全阵环**.

    现在让我们看一看，在一个环 R 里有些什么计算规则. 因为一个环 R 是一个加群，上面的计算规则 (1) 到 (6) 在一个环里都成立.

    由于两个分配律以及负元的定义，

$$(a-b)c + bc = [(a-b)+b]c = ac,$$
$$c(a-b) + cb = c[(a-b)+b] = ca.$$

这样由 (4)，有

(7)
$$(a-b)c = ac - bc,$$
$$c(a-b) = ca - cb.$$

由 (7)，有 $(a-a)a = a(a-a) = aa - aa = 0$，因此，

(8)
$$0a = a0 = 0.$$

注意，这里的 0 都是 R 上的零元.

    由分配律，负元的定义以及 (8)，有

$$ab + (-a)b = (a-a)b = 0, ab + a(-b) = a(b-b) = 0.$$

因此，

(9)
$$(-a)b = a(-b) = -ab.$$

由 (9) 很容易推出，

(10)
$$(-a)(-b) = ab.$$

    因为两个分配律都成立，而加法又适合结合律，所以

(11)
$$a(b_1+b_2+\cdots+b_n)=ab_1+ab_2+\cdots+ab_n,$$
$$(b_1+b_2+\cdots+b_n)a=b_1a+b_2a+\cdots+b_na.$$

由(11)可得,

(12) $(a_1+\cdots+a_m)(b_1+\cdots+b_n)=a_1b_1+\cdots+a_1b_n+\cdots+a_mb_1+\cdots+a_mb_n.$

以上等式的右端我们有时也写作 $\sum\limits_{i=1}^{m}\sum\limits_{j=1}^{n}a_ib_j$, 这样,

$$\left(\sum_{i=1}^{m}a_i\right)\left(\sum_{j=1}^{n}b_j\right)=\sum_{i=1}^{m}\sum_{j=1}^{n}a_ib_j.$$

由(11),(8),(9),对于 $\forall n\in\mathbf{Z}$ 和 $\forall a,b\in R$, 有

(13)
$$(na)b=a(nb)=n(ab).$$

因为乘法适合结合律, n 个元的乘积有意义. 跟群论里一样, n 个 a 的乘积我们记为 a^n, 并称它为 a 的 **n 次乘方**(简称 **n 次方**):

$$a^n=\overbrace{aa\cdots a}^{n\uparrow}\quad(n\text{ 是正整数}).$$

这样, 对于 $\forall m,n\in\mathbf{Z}$ 与 $\forall a\in R$, 有

(14)
$$a^ma^n=a^{m+n},$$
$$(a^m)^n=a^{mn}.$$

由以上各条我们可以看出, 中学代数的运算法则在一个环里差不多都是成立的, 但仍有一些运算法则在一个环里不一定成立, 这一点我们将在下一节里讨论.

§2 交换律、单位元、零因子、整环

在一个一般的环里仍有若干数的运算法则不成立, 它们要在有附加条件的环里才能成立. 我们在这一节里来看一些环的三种重要的附加条件.

对于一般的环, 它的乘法不一定适合交换律, 即在一个环里 $ab=ba$ 不一定成立. 比如 §1 中例 2 里的环, 当 $n>1$ 时, $AB=BA$ 就不一定成立. 但一个环的乘法有可能是适合交换律的.

定义1

一个环 R 称为一个**交换环**, 若
$$ab=ba\quad(\forall a,b\in G).$$

在一个交换环里, 对于 $\forall n\in\mathbf{Z}$ 和 $\forall a,b\in R$, 都有
$$a^nb^n=(ab)^n.$$

例 1 全体整数作成的集合对于普通加法和乘法来说作成一个交换环 $(\mathbf{R}, +, \circ)$. 同样地, $(\mathbf{R}, +, \circ)$, $(\mathbf{R}, +, \cdot)$, $(\mathbf{R}, +, \circ)$ 也都是一个交换环.

一般地, 一个环对于乘法来说未必有单位元. 例如所有偶数关于普通加法和普通乘法构成的环, 但这个环就没有单位元. 但一个环若有单位元, 我们可以想象, 这个单位元也会占一个很重要的地位.

定义2

设 R 是一个环, 若 $\exists r \in R$, 对 $\forall a \in R$, 都有

$$ar = ra = a,$$

则称 r 为 R 的**单位元**, 记为 1.

例 2 设 $R = \mathbf{Z}_n$, 规定 $\mathbf{Z}_n$ 中的加法和乘法如下:

$$[a] + [b] = [a + b],$$

$$[a][b] = [ab].$$

我们知道 $\mathbf{Z}_n$ 关于这个加法构成一个加群. 并且若 $[a] = [a']$, $[b] = [b']$,

那么 $\qquad ab - a'b' = a(b - b') + (a - a')b',$

即 $\qquad\qquad [ab] = [a'b'].$

所以这个乘法的规定有意义. 由加法和乘法的定义易知, 乘法满足结合律, 并且两个分配律都成立. 因此 R 作成一个环. 这个环称为**模 n 的剩余类环**. 显然这还是一个有单位元[1]的交换环.

一个环 R 若有单位元, 则它只能有一个. 因为有设 R 有两个元 1 和 1', 那么

$$11' = 1 = 1'.$$

对于一个有单位元的环, 我们可以同群论里一样, 规定一个元 a 的零次方:

$$a^0 = 1.$$

若一个环有了单位元, 我们也就可以讨论一个元的 (对乘法来说的) 逆元.

定义3

设 R 是一个有单位元 1 的环, 若对 $\forall a \in R$, $\exists b \in R$, 有

$$ba = ab = 1,$$

则称 b 为 a 的一个**逆元**, 记为 a^{-1}.

一个环中不是所有元都有逆元, 如整数环中除 1 和 -1 外, 其余的元均无逆元. 但若一个元有逆元, 那么它的逆元一定唯一. 因为设元 a 有两个逆元 a^{-1} 和 a_1^{-1}, 那么

$$a^{-1} = a^{-1}1 = a^{-1}(aa_1^{-1}) = (a^{-1}a)a_1^{-1} = 1a_1^{-1} = a_1^{-1}.$$

有了逆元的定义,我们就可以规定

$$a^{-n} = (a^{-1})^n.$$

这样,对于 $\forall m, n \in \mathbf{Z}$,有

$$a^m a^n = a^{m+n}, \quad (a^m)^n = a^{mn}.$$

例 3 环$(\mathbf{R}, +, \circ)$和$(\mathbf{R}, +, \circ)$都是有 1 的,而且 $\mathbf{Q}$ 和 $\mathbf{R}$ 中的每个非 0 元都有逆元.

例 4 全阵环 $M_n(\mathbf{R})$ 的零元为零矩阵,单位矩阵是 $M_n(\mathbf{R})$ 的单位元,n 阶可逆矩阵(非奇异阵)都有逆元.

我们知道,一个环的两个元 a、b 之间如果有一个是零,那么 ab 也等于零.可是反过来,

(1) $$ab = 0 \Rightarrow a = 0 \text{ 或 } b = 0.$$

这一条普通的计算规则在一个一般环里就不一定成立.

例如,模 n 的剩余类环 $\mathbf{Z}_n$,若 n 不是素数,那必存在非零整数 a、b,使得 $n = ab$.这样,在环 $\mathbf{Z}_n$ 中,有

$$[a] \neq [0], [b] \neq [0],但[a][b] = [ab] = [n] = [0].$$

因为$[0]$是 $\mathbf{Z}_n$ 的零元,也就是说,(1)在 $\mathbf{Z}_n$ 中不成立.

定义4

若在一个环 R 中

$$a \neq 0, b \neq 0,但 ab = 0,$$

则称 a 是环 R 的**左零因子**,b 是环 R 的**右零因子**.若一个元素 a 既是左零因子又是右零因子,则称 a 为 R 的**零因子**.

例 5 在 $M_2(\mathbf{Z})$ 中,$A = \begin{pmatrix} 1 & 0 \\ 0 & 0 \end{pmatrix} \neq 0$,$B = \begin{pmatrix} 0 & 0 \\ 1 & 1 \end{pmatrix} \neq 0$,但 $AB = 0$,所以 A 是 $M_2(\mathbf{Z})$ 的左零因子,B 是 $M_2(\mathbf{Z})$ 的右零因子.且 $B_1 = \begin{pmatrix} 0 & 1 \\ 0 & 1 \end{pmatrix} \neq 0$,$B_1 A = 0$,所以 A 也是 $M_2(\mathbf{Z})$ 的右零因子,因而 A 是 $M_2(\mathbf{Z})$ 的零因子.

若环是一个交换环,它的一个左零因子当然也是一个右零因子.但在非交换环中,一个零因子未必同时是左也是右零因子.

一个环当然可以没有零因子,比如整数环.显然,在而且只在一个没有零因子的环中
(1)式才会成立.并且零因子是否存在与乘法消去律是否成立还有着密切关系.

定理 1 在一个无零因子环中两个消去律都成立:

$$a \neq 0, ab = ac \Rightarrow b = c,$$
$$a \neq 0, ba = ca \Rightarrow b = c.$$

反之,在一个环中如果有一个消去律成立,那么这个环没有零因子.

证明 设环 R 没有零因子.若 $a \neq 0$,则

$$ab = ac \Rightarrow a(b - c) = 0 \Rightarrow b - c = 0 \Rightarrow b = c.$$

同样可证:

$$a \neq 0, ba = ca \Rightarrow b = c.$$

这样,在 R 中两个消去律都成立.

反之,设在环 R 中左消去律成立.因为

$$ab = 0 \Rightarrow ab = a0.$$

从而 $b = 0$,即 R 没有零因子.同理可证,右消去律成立的时候,情形一样.

推论 1 在一个环中如果有一个消去律成立,那么另一个消去律也成立.

推论 2 一个可逆元不可能是零因子.

证明 设 a 是可逆元,则

$$ab = 0 \Rightarrow a^{-1}(ab) = 0 \Rightarrow (a^{-1}a)b = 1b = 0 \Rightarrow b = 0,$$

同理可证,
$$ba = 0 \Rightarrow b = 0.$$

以上我们认识了一个环可能适合的三种附加条件:第一个是乘法适合交换律,第二个
是有单位元,第三个是无零因子.若一个环同时适合以上三种附加条件时,它也特别重要.

定义5

一个环 R 称为一个**整环**,若对 $\forall a, b \in R$,有

(1) 乘法适合交换律:

$$ab = ba.$$

(2) 有单位元 1:

$$1a = a1 = a.$$

(3) R 没有零因子:

$$ab = 0 \Rightarrow a = 0 \text{ 或 } b = 0.$$

整数环显然是一个整环.

定理 2 有 1 的交换环 R 是整环当且仅当在 R 中消去律成立.

证明 根据环的定义,就是要证:在交换环 R 中无零因子和消去律成立是等价的. 若 R 中无零因子,设 $a \neq 0$,由 $ab = ac$,可得 $a(b-c) = 0$,则必有 $b - c = 0$,即 $b = c$.

反过来,若 R 中消去律成立,设 $a \neq 0$,而 $ab = 0$,则由 $ab = a0$ 及消去律得 $b = 0$,即 R 中无零因子.

§3 除环、域

现在我们要谈到一个环可能适合的另一个附加条件.我们已经在环中定义过了逆元,并且知道环的任意一个元不一定有逆元.那有没有这样的一种环,它的每一个元都有逆元? 在极特殊的情形下这是可能的.

定义1

一个环 R 称为一个**除环**,若

(1) R 至少包含一个不等于 0 的元;

(2) R 有一个单位元 1;

(3) R 的每一个非零元都有逆元.

例如,全体有理数的集合关于普通加法和乘法构成的环 $(\mathbf{Q}, +, \circ)$ 是一个除环.同样,全体实数或全体复数的集合对于普通加法和乘法构成的环 $(\mathbf{R}, +, \circ)$ 或环 $(\mathbf{C}, +, \circ)$ 也都是除环.

例 1 $R = \{$所有复数对 $(\alpha, \beta)\}$. 这里,

$$(\alpha_1, \beta_1) = (\alpha_2, \beta_2) \Longleftrightarrow \alpha_1 = \alpha_2, \beta_1 = \beta_2.$$

规定 R 的加法和乘法是

$$(\alpha_1, \beta_1) + (\alpha_2, \beta_2) = (\alpha_1 + \alpha_2, \beta_1 + \beta_2),$$
$$(\alpha_1, \beta_1)(\alpha_2, \beta_2) = (\alpha_1 \alpha_2 - \beta_1 \overline{\beta_2}, \alpha_1 \beta_2 + \beta_1 \overline{\alpha_2}).$$

其中 $\bar{\alpha}$ 表示 α 的共轭数:若 $\alpha = a_1 + a_2 i$,则 $\bar{\alpha} = a_1 - a_2 i$($a_1, a_2$ 为实数).

对于加法来说,R 显然是一个加群.同时我们容易验证,乘法适合结合律,并且两个分配律都成立.因此 R 是一个环.

R 有一个单位元,就是 $(1, 0)$.我们看 R 的一个元

$$(\alpha, \beta) = (a_1 + a_2 i, b_1 + b_2 i) \quad (a_1, a_2, b_1, b_2 \text{ 是实数}),$$

由于
$$(\alpha, \beta)(\bar{\alpha}, -\beta) = (\bar{\alpha}, -\beta)(\alpha, \beta) = (\alpha\bar{\alpha} + \beta\bar{\beta}, 0),$$

而
$$\alpha\bar{\alpha} + \beta\bar{\beta} = a_1^2 + a_2^2 + b_1^2 + b_2^2 \neq 0, 除非 \alpha = \beta = 0.$$

所以只要 (α, β) 不是 R 的零元 $(0, 0)$, 它就有一个逆元
$$\left(\frac{\alpha\bar{\alpha} + \beta\bar{\beta}}{\alpha\bar{\alpha} + \beta\bar{\beta}}, \frac{-\bar{\beta}}{\alpha\bar{\alpha} + \beta\bar{\beta}} \right),$$

故 R 是一个除环. 但 R 不是一个交换环. 例如,
$$(i, 0)(0, 1) = (0, i), \quad (0, 1)(i, 0) = (0, -i),$$
$$(i, 0)(0, 1) \neq (i, 0)(0, 1),$$

这个环称为**四元数除环**. 这是一个非交换环. 在四元数除环中, 方程
$$ix = k, \quad yi = k$$

有不同的解 $x = j, y = -j$. 由此可见, 在除环中, $a^{-1}b$ 与 ba^{-1} 一般是不同的.

下面我们先看一看, 除环的几个最重要的性质.

(1) 一个除环没有零因子. 因为
$$a \neq 0, ab = 0 \Rightarrow a^{-1}ab = b = 0.$$

(2) 一个除环 R 的所有非零元 R^* 关于乘法构成一个群.

证明 由 (1), R^* 关于乘法是封闭的; 由环的定义, 乘法适合结合律; R^* 有单位元, 也就是 R 的单位元; 由除环的定义, R^* 的每一个元都有一个逆元. 所以 R^* 关于乘法构成一个群.

我们称群 R^* 为除环 R 的**乘群**. 这样, 一个除环是由两个群, 加群与乘群, 凑合而成的; 分配律好像是一座桥, 使得这两个群之间发生了一种联系.

由 (1) 和 (2), 在一个除环 R 里, 方程
$$ax = b \text{ 和 } ya = b \quad (a, b \in R, a \neq 0)$$

各有唯一的解 $a^{-1}b$ 和 ba^{-1}. 在普通数的计算里, 我们把以上两个方程的相等的解 $\dfrac{b}{a}$ 来表示, 并称 $\dfrac{b}{a}$ 是 a 除 b 所得的结果. 因此, 在除环的计算里, 我们称 $a^{-1}b$ 是用 a 从左边去除 b, ba^{-1} 是用 a 从右边去除 b 的结果. 这样, 在一个除环中, 只要元 $a \neq 0$, 我们就可以用 a 从左或从右去除一个任意元 b. 这就是除环这个名字的来源. 因为在一个除环中乘法不一定满足交换律, $a^{-1}b$ 未必等于 ba^{-1}, 所以我们有区分从左除或从右除的必要.

一个交换的除环称为一个**域**.

在一个域中,因为交换律成立,所以 $a^{-1}b = ba^{-1}$. 因此我们不妨把这两个相等的元又用 $\dfrac{b}{a}$ 来表示. 这时我们就可以得到普通计算法:

(i) $\dfrac{a}{b} = \dfrac{c}{d} \Leftrightarrow ad = bc$;

(ii) $\dfrac{a}{b} + \dfrac{c}{d} = \dfrac{ad + bc}{bd}$;

(iii) $\dfrac{a}{b} \dfrac{c}{d} = \dfrac{ac}{bd}$.

我们只证明(i).

证明 必要性:

$$\frac{a}{b} = \frac{c}{d} \Rightarrow bd\,\frac{a}{b} = bd\,\frac{c}{d} \Rightarrow ad = bc.$$

充分性:因为消去律在一个域内成立(域无零因子),则

$$\frac{a}{b} \neq \frac{c}{d} \Rightarrow bd\,\frac{a}{b} \neq bd\,\frac{c}{d} \Rightarrow ad \neq bc,$$

对于(ii)和(iii)式子的成立也只要两边同时乘以 bd 就可以.

例 2 设集合 $\mathbf{R}(\sqrt{3}) = \{a + b\sqrt{3} \mid a, b \in \mathbf{R}\}$,证明:$\mathbf{R}(\sqrt{3})$关于普通加法和乘法构成一个域.

证明 容易证明,$\mathbf{R}(\sqrt{3})$对于普通加法和乘法来说作成一个整环. 设 $\forall a + b\sqrt{3} \neq 0 \in \mathbf{R}(\sqrt{3})$,那么 a 和 b 不能同时等于零. 那么 $a + b\sqrt{3}$ 有逆元 $\dfrac{a}{a^2 - 3b^2} - \dfrac{b}{a^2 - 3b^2}\sqrt{3} \in \mathbf{R}(\sqrt{3})$,因为

$$(a + b\sqrt{3})\left(\frac{a}{a^2 - 3b^2} - \frac{b}{a^2 - 3b^2}\sqrt{3}\right) = \left(\frac{a}{a^2 - 3b^2} - \frac{b}{a^2 - 3b^2}\sqrt{3}\right)(a + b\sqrt{3}) = 1$$

这样,任意非零元在 $\mathbf{R}(\sqrt{3})$中有逆元,即 $(\mathbf{R}(\sqrt{3}), +, \circ)$ 是一个域.

§4 无零因子环的特征

在数的范围内,有一条关于加法的普通计算规则:

$$a \neq 0 \Rightarrow ma = \overbrace{a + a + \cdots + a}^{m\uparrow} \neq 0 \quad (\forall m \in \mathbf{Z}). \tag{1}$$

但是,在一般环里,这条规则却不一定能够适用.

例 1 设 p 是一个素数,则模 p 的所有剩余类 $\mathbf{Z}_p$ 构成一个域.

证明 我们已知知道,$\mathbf{Z}_p$ 是一个环.现在只需证明 $\mathbf{Z}_p$ 的所有非零元 $\mathbf{Z}_p^*$ 作成一个乘群.

(i) 由于 p 是素数,所以

$$p \nmid a, \ p \nmid b \Rightarrow p \nmid ab,$$

则

$$[a] \neq [0], [b] \neq [0] \Rightarrow [a][b] = [ab] \neq [0],$$

即

$$[a], [b] \in \mathbf{Z}_p^* \Rightarrow [a][b] \in \mathbf{Z}_p^*.$$

故 $\mathbf{Z}_p^*$ 对于乘法来说是闭的.

(ii) 乘法结合律成立.

(iii) 因 $\mathbf{Z}_p^*$ 是一个有限集合,所以我们还需证明消去律关于乘法成立:

$$p \mid ax - ax' = a(x - x'), \ p \nmid a \Rightarrow p \mid x - x',$$

所以

$$[ax] = [ax'], [a] \neq [0] \Rightarrow [x] = [x'],$$

即

$$[a][x] = [a][x'], [a] \in \mathbf{Z}_p^* \Rightarrow [x] = [x'],$$

这样,$\mathbf{Z}_p^*$ 是一个乘群,而 $\mathbf{Z}_p$ 是一个域.

在这个域中,有

$$\forall [a] \in \mathbf{Z}_p^*, \text{但 } p[a] = [pa] = 0.$$

因为

$$p[a] = \overbrace{[a] + [a] + \cdots + [a]}^{p\uparrow} = \overbrace{[a + a + \cdots + a]}^{p\uparrow} = [pa] = [0].$$

现在让我们看一看,(1)所以不一定成立的原因是什么.设 R 是一个环.我们知道,R 的元对于加法来说作成一个加群.在这个加群里每一个元有一个阶.对于 $\forall a \neq 0 \in R$,(1)能否成立,完全由 a 在加群 $(R, +)$ 中的阶是否有限来决定:若 a 的阶无限,则对 $\forall m \in \mathbf{R}$,有 $ma \neq 0$,即(1)成立;若 a 的阶有限整数 m,则 $ma = 0$,即(1)不成立.

在一个环里,可能某一个非零元在加群 $(R, +)$ 中的阶是无限的,另一个非零元的阶却是有限的.

例 2 设有两个循环群,

$(G_1, +_1) = (b) = \{hb \mid h \in \mathbf{Z}\}$,这里 b 的阶无限,且 $hb = 0 \Leftrightarrow h = 0$;

$(G_2, +_2) = (c) = \{kc \mid k \in \mathbf{Z}\}$,这里 c 的阶为 n,且 $kc = 0 \Leftrightarrow n \mid k = 0$.

现在我们构造集合 $R = \{(hb, kc) \mid hb \in G_1, kc \in G_2\}$,规定 R 的加法和乘法:

$$(h_1b, k_1c) + (h_2b, k_2c) = (h_1b + h_2b, k_1c + k_2c),$$

$$(h_1b, k_1c)(h_2b, k_2c) = (0, 0),$$

那么 R 显然作成一个环.

这个环的元素 $(b, 0)$ 在加群 $(R, +)$ 中的阶是无限的,但元 $(0, c)$ 关于加法的阶是 n.

所以,在一个一般的环中,(1)这个计算规则可能对某一个元成立,而对另一个元又不成立了.但是,在一个没有零因子的环里情形就不同了.

定理 1 在一个没有零因子的环 R 里任一非零元在加群 $(R, +)$ 中的阶都是相等的.

证明 设 $\forall a \neq 0 \in R$,若 a 的阶都是无限的,则定理成立.若 a 的阶是有限整数 n,而 b 是 R 的另一个非零元,有

$$(na)b = a(nb) = 0,$$

由 R 无零因子,可得 $nb = 0$,即 b 的阶 $\leqslant a$ 的阶.

同理可得 a 的阶 $\leqslant b$ 的阶.

故 a 的阶 $= b$ 的阶.

定义

一个无零因子环 R 的非零元的相同的(对于加法来说的)阶称为环 R 的**特征**,记为 $\mathrm{char}\, R$.

对于无零因子环 R 中的非零元 a,和 $\forall m \neq 0 \in \mathbf{Z}$,有 $ma \neq 0$,那么 $\mathrm{char}\, R = \infty$;如果存在使得 $ma = 0$ 成立的最小正整数 m,则 $\mathrm{char}\, R = m$.这两种情况与 a 的选取均无关.特征是一个很重要的概念,因为它对环和域的构造都有决定性的作用.现在我们进一步证明:

定理 2 设 R 是无零因子环,若 $\mathrm{char}\, R = n$,那么 n 是一个素数.

证明 若 n 不是一个素数,那么一定有 $n = n_1 n_2 (1 < n_i < n, i = 1, 2)$,这时,对于 $\forall a \in R^*$,有

$$n_1 a \neq 0, \quad n_2 a \neq 0,$$

但由 $\mathrm{char}\, R = n$,知

$$(n_1 a)(n_2 a) = (n_1 n_2)a^2 = 0.$$

这与 R 没有零因子矛盾,所以 n 一定是素数.

例如,$\mathbf{Z}_p$ 的特征是素数 p,有理数域的特征是 ∞.

推论 整环、除环和域的特征或是无限大,或是一个素数.

有趣的是,在一个特征是 p 的交换环里,下列等式成立:

$$(a+b)^p = a^p + b^p \quad (\forall a, b \in R).$$

因为,由二项式定理,有

$$(a+b)^p = a^p + \mathrm{C}_p^1 a^{p-1}b^p + \cdots + \mathrm{C}_p^{p-1}ab^{p-1} + b^p.$$

而 $\mathrm{C}_p^i = \dfrac{p(p-1)\cdots(p-i+1)}{i!}(i=1, 2, \cdots, p-1)$ 是 p 的一个倍数,于是 $\mathrm{C}_p^i a^{p-i}b^i = 0$. 因此

$$(a+b)^p = a^p + b^p.$$

§5 子环、环的同态

群论中子群、群的同态等概念在群的研究起着重要的作用,在环的理论中也有相应的概念,对环的研究也起着重要的作用.

定义

一个环 R 的一个非空子集 S 称为 R 的一个**子环**,若 S 本身关于 R 的两个二元运算构成一个环.

一个除环 R 的一个非空子集 S 称为 R 的一个**子除环**,若 S 本身关于 R 的二元运算构成一个除环.

类似地,读者可以给出**子整环**,**子域**的概念.

显然,环 R 本身与 $\{0\}$ 都是 R 的子环,称它们为**平凡子环**.

例 1 环 R 的**中心** $C(R) = \{c \in R \mid ca = ac, \forall a \in R\}$ 是 R 的一个子环.

显然,当环 R 是交换环时,显然 R 的任一子环 S 也必为交换环.

当 S 是环 R 的子环时,由于 S 作为加群来说是 R 的子群. 所以,S 的零元与 R 的零元是相同的,而且 S 中任意元 c 在 S 中的负元与 c 在 R 中的负元也是相同的. 但是,环 R 与 R 的任意子环 S 在有无单位元和有无零因子等性质上却没有必然的联系.

首先,在单位元上:

(i) 若 R 有单位元,S 可以没有单位元.**例如**,全体偶数集是整数环的子环,整数环有单位元 1,但偶数子环却没有单位元.

(ii) 若 S 有单位元,R 可以没有单位元.

例 2　在实数域 **R** 上的 2 阶矩阵环 $R = \left\{ \begin{bmatrix} a & b \\ 0 & 0 \end{bmatrix} \,\middle|\, a, b \in \mathbf{R} \right\}$ 没有单位元,但是其子

环 $S = \left\{ \begin{bmatrix} a & 0 \\ 0 & 0 \end{bmatrix} \,\middle|\, a \in \mathbf{R} \right\}$ 有单位元.

(iii) 若 R 与 S 都有单位元,它们的单位元可以不相同.

例 3　模 6 的剩余类环 $\mathbf{Z}_6 = \{[0], [1], [2], [3], [4], [5]\}$ 是一个交换环,其单位元是 $[1]$.容易验证,$S = \{[0], [3]\}$ 是它的一个子环,且因为

$$[3][3] = [3],$$

所以 $[3]$ 是 S 的单位元.这里,环 $\mathbf{Z}_6$ 和子环 S 都有单位元,但是它们的单位元并不相同.

当然,二者的单位元也有可能相同.**如**有理数域 **Q** 是复数域 **C** 的子环,这时 **Q** 和 **C** 的单位元相同.

其次,在零因子上:

(i) 若 R 是无零因子环,则 S 也是无零因子环.

(ii) 若 S 是无零因子环,R 不一定也是无零因子环.

在例 5 中,子环 S 没有零因子,但是环 $\mathbf{Z}_6$ 有零因子 $[2]$、$[3]$,事实上,S 是 $\mathbf{Z}_6$ 的一个子域.

但是,对于除环和域,除环(域)R 和子除环(子域)S 的单位元一定相同,因为 S^* 作为乘群是 R^* 的子群,对于群和子群必有单位元而且相同.而且,S^* 中元 c 在 S^* 中的逆元与 c 在 R^* 中的逆元也是相同的.

定理 1　一个环的非空子集 S 构成一个子环的充要条件是:

$$a, b \in S \Rightarrow a - b \in S, \ ab \in S.$$

一个除环的一个子集 S 作成一个子除环的充要条件是:

(i) S 包含一个非零元;

(ii) $a, b \in S \Rightarrow a - b \in S$;

$a, b \in S, b \neq 0 \Rightarrow ab^{-1} \in S$.

同子群的交集类似,子环的交集也有以下性质.

性质 1　R 的两个子环的交集也是 R 的子环.

证明　设 S_1、S_2 是 R 的子环,显然 $0 \in S_1 \bigcap S_2$,从而 $S_1 \bigcap S_2 \neq \varnothing$.又因为 $a, b \in$

$S_1 \bigcap S_2$,那么 $a \in S_1 \bigcap S_2$,$b \in S_1 \bigcap S_2$,因 S_1 和 S_2 是 R 的子环,所以

$$a - b, ab \in S_1 \text{ 且 } a - b, ab \in S_2.$$

从而,$a - b \in S$,$ab \in S_1 \bigcap S_2$.

由定理 1,$S_1 \bigcap S_2$ 构成 R 的一个子环.

类似地,我们也可以把这个结论进一步扩展:

性质 2 环 R 的任意多个子环的交集也是 R 的子环.

但是两个子环的并集却不一定是 R 的子环.**例如**,在模 12 的剩余类环 $\mathbf{R}_{12}$ 中,两个子环 $S_1 = \{[0], [6]\}$ 和 $S_2 = \{[0], [4], [8]\}$ 的并集 $S_1 \bigcup S_2 = \{[0], [4], [6], [8]\}$ 却不是 $\mathbf{R}_{12}$ 的子环,因为 $[8] - [6] = [2] \notin S_1 \bigcap S_2$.

同群的情形类似,环也有类似的结论.

定理 2 设 R 是一个环,$\bar{R}$ 是一个有两个二元运算的代数系统,若存在一个 R 到 $\bar{R}$ 的同态满射,使得 $R \sim \bar{R}$,那么 $\bar{R}$ 也是一个环.

定理 3 若 R 和 $\bar{R}$ 是两个环,并且 R 与 $\bar{R}$ 同态,则 R 的零元的象是 $\bar{R}$ 的零元;R 的元 a 的负元的象是 a 的象的负元;若 R 是交换环,那么 $\bar{R}$ 也是交换环;若 R 有单位元 1,那么 $\bar{R}$ 也有单位元 $\bar{1}$,而且 $\bar{1}$ 是 1 的象.

但是,一个环有没有零因子这一个性质经过了一个同态满射是不一定可以保持的.

(i) 若 R 没有零因子时,与 R 同态的 $\bar{R}$ 可以有.

例 4 设 $\mathbf{Z}$ 是整数环,$\mathbf{Z}_n$ 是模 n 的剩余类环,那么

$$\phi: \mathbf{Z} \to \mathbf{Z}_n,$$
$$a \to [a].$$

显然是 $\mathbf{Z}$ 到 $\mathbf{Z}_n$ 的一个同态满射.我们知道,$\mathbf{Z}$ 是没有零因子的,但当 n 不是素数时,$\mathbf{Z}_n$ 有零因子.

(ii) R 有零因子时,与 R 同态的 $\bar{R}$ 可以没有.

例 5 $R = \{$所有整数对 $(a, b)\}$.关于二元运算

$$(a_1, b_1) + (a_2, b_2) = (a_1 + a_2, b_1 + b_2),$$
$$(a_1, b_1)(a_2, b_2) = (a_1 a_2, b_1 b_2),$$

R 显然构成一个环.而 $\bar{R} = (\mathbf{R}, +, \circ)$,那么

$$\phi: (a, b) \to a,$$

显然是一个 R 到 $\bar{R}$ 的同态满射.R 的零元是 $(0, 0)$,而

$$(a, 0)(0, b) = (0, 0),$$

所以 R 有零因子,但 $\bar{R}$ 没有零因子.

但若 $R \cong \bar{R}$,这两个环的代数性质就一致了.

定理 4 设 R 和 $\bar{R}$ 是两个环,并且 $R \cong \bar{R}$.则若 R 是整环,$\bar{R}$ 也是整环;R 是除环,$\bar{R}$ 也是除环;R 是域,$\bar{R}$ 也是域.

有时我们需要构造一个环,使它包含一个给定的环.为此,我们先证明一个引理.

引理 设 ϕ 是代数系统 $(A,+,\circ)$ 到集合 $\bar{A}$ 的一个一一映射,那么我们可以替 $\bar{A}$ 规定加法 "$\bar{+}$" 和乘法 "$\bar{\circ}$",使得 $(A,+,\circ) \cong (\bar{A},\bar{+},\bar{\circ})$.

证明 设 $\phi : x \to \bar{x}$,$x \in A$.我们规定:

$$\bar{a} \bar{+} \bar{b} = \bar{c},\text{若} a+b=c;$$

$$\bar{a}\bar{b} = \bar{d},\text{若} ab=d.$$

如上规定的关系是 $\bar{A}$ 的加法和乘法,因为对给定的 $\bar{a}$ 和 $\bar{b}$,我们可以找到唯一的 a 和 b,进而找到唯一的 c 和 d,唯一的 $\bar{c}$ 和 $\bar{d}$.这样规定以后,ϕ 显然对于一对加法和一对乘法来说都是同构映射,即

$$A \cong \bar{A}.$$

定理 5(挖补定理) 设 S 是环 R 的一个子环,$\bar{S}$ 是另一个环,满足 $(R\backslash S) \cap \bar{S} = \varnothing$,并且 $S \cong \bar{S}$.那么存在一个环 $\bar{R}$,使得 $R \cong \bar{R}$,且 $\bar{S}$ 是 $\bar{R}$ 的子环.

证明 设

$$S = \{a_s, b_s, \cdots\},$$
$$\bar{S} = \{\bar{a}_s, \bar{b}_s, \cdots\},$$

并且在 S 与 $\bar{S}$ 间的同构映射 ϕ 之下,有

$$x_s \leftrightarrow \bar{x}_s.$$

若记 $R\backslash S = \{a, b, \cdots\}$,这样

$$R = \{a_s, b_s, \cdots \mid a, b, \cdots\},$$

现在我们把所有的 $a_s, b_s, \cdots$ 和所有的 $a, b, \cdots$ 放在一起,作成一个集合,即

$$\bar{R} = \{a_s, b_s, \cdots \mid a, b, \cdots\}.$$

并且规定一个 R 到 $\bar{R}$ 的对应关系

$$\psi : x_s \to \bar{x}_s, \forall x \in S,$$
$$x \to x, \forall x \in R\backslash S.$$

显然 ψ 是一个满射.我们看 R 的任意两个不相同的元.这两个元若是同时属于 S,或者是同时属于 S 的补足集合,那么它们在 ψ 之下的象显然不相同.若是这两个元一个属于 S,

一个属于 $R \backslash S$,那么它们在 ψ 之下的象一个属于 $\bar{S}$,一个属于 $R \backslash S$;由于 $(R \backslash S) \cap \bar{S} = \varnothing$,所以这两个象也不相同.这样,$\psi$ 是 R 与 $\bar{R}$ 间的一一映射.因此,由引理 1,我们可以替 $\bar{R}$ 规定加法和乘法使得

$$R \cong \bar{R},$$

显然,这时 $\bar{R}$ 是一个环.

$\bar{S}$ 关于原来有加法和乘法构成一个环,同时由 $\bar{R}$ 的作法,知 $\bar{S} \subseteq \bar{R}$.但这并不是说,$\bar{S}$ 是 $\bar{R}$ 的子环.因为 $\bar{S}$ 是 $\bar{R}$ 的子环是要求 $\bar{S}$ 关于 $\bar{R}$ 的二元运算构成一个环.下面我们来证明 $\bar{R}$ 的二元运算与 $\bar{S}$ 原来的二元运算是一致的.我们把 $\bar{R}$ 的加法记为"$\bar{+}$",$\bar{S}$ 和 S 的加法都记为"$+$".现在对 $\forall \bar{x}_s, \bar{y}_s \in \bar{S}$,并且

$$x_s + y_s = z_s.$$

那么由 $\bar{+}$ 的定义,以及由于 S 与 $\bar{S}$ 同构,有

$$\bar{x}_s \bar{+} \bar{y}_s = \bar{z}_s, \quad \bar{x}_s + \bar{y}_s = \bar{z}_s,$$

即 $\bar{R}$ 的加法与 $\bar{S}$ 原来的加法对 $\bar{S}$ 中任意两个元素来说是一致的;同样,$\bar{R}$ 的乘法与 $\bar{S}$ 原来的乘法对于 $\bar{S}$ 中任意两个元素来说是一致的.这样,$\bar{S}$ 是 $\bar{R}$ 的子环.

§6 多项式环

在认识了一般环的定义之后,我们也将接触一种特殊的环.它是数环上的多项式环的推广,这种环在代数学里占有重要的地位.

设 R_0 是一个有单位元 1 的交换环,R 是 R_0 的子环,并且包含 R_0 的单位元 1.对于元 $\alpha \in R_0$,则

$$a_0 a^0 + a_1 a^1 + \cdots + a_n a^n = a_0 + a_1 a + \cdots + a_n a^n \quad (a_i \in R)$$

有意义,是 R_0 的一个元.

定义1

R_0 中形如

$$a_0 a^0 + a_1 a^1 + \cdots + a_n a^n \quad (a_i \in R, n \text{ 是非负整数})$$

的元称为 R 上的一个**多项式**,记为 $f(\alpha)$,a_i 称为多项式 $f(\alpha)$ 的**系数**.

R 上的 α 的多项式的全体构成一个集合,记为 $R[\alpha]$.若 $m < n$,可以写成:

$$a_0 + \cdots + a_m \alpha^m = a_0 + \cdots + a_m \alpha^m + 0 \alpha^{m+1} + \cdots + 0 \alpha^n.$$

这样当我们只考虑 $R[\alpha]$ 的有限个元的时候, 可以将它们的项数看成是一样的. 因此, 对于

$$\forall f(\alpha) = a_0 + \cdots + a_n \alpha^n, \ g(\alpha) = b_0 + \cdots + b_n \alpha^n \in R[\alpha], \text{有}$$
$$f(\alpha) + g(\alpha) = (a_0 + b_0) + \cdots + (a_n + b_n) \alpha^n,$$
$$f(\alpha) g(\alpha) = c_0 + \cdots + c_{m+n} \alpha^{m+n},$$

其中, $c_k = a_0 b_k + a_1 b_{k-1} + \cdots + a_k b_0 = \sum\limits_{i+j=k} a_i b_j$.

$$-f(\alpha) = (-a_0) + (-a_1)\alpha + \cdots + (-a_n)\alpha^n \in R[\alpha],$$

所以 $R[\alpha]$ 是一个环, $R[\alpha]$ 显然是 R_0 的包含 R 和 α 的最小子环.

定义 2

$R[\alpha]$ 称为 R 上的 α 的 **多项式环**.

对于 R_0 中的任一元 α 来说, 当 $f(\alpha)$ 的系数 $a_0, a_1, \cdots, a_n$ 不全为零时, 却仍可能

$$f(\alpha) = a_0 + a_1 \alpha + \cdots a_n \alpha^n = 0.$$

比如, 当 $\alpha \in R$ 的时候, 取 $a_0 = \alpha$, $a_1 = -1$ (1 是 R_0 的单位元), 则多项式

$$a_0 + a_1 \alpha = \alpha - \alpha = 0.$$

定义 3

R_0 的一个元素 x 称为 R 上的一个 **未定元**, 若在 R 中不存在不全为 0 的元 a_0, $a_1, \cdots, a_n$, 使得

$$f(x) = a_0 + a_1 \alpha + \cdots a_n \alpha^n = 0.$$

换句话说, 若在 R 中的多项式 $f(x) = 0$, 除非 $f(x)$ 的所有系数都等于 0.

根据定义 2, R 上的一个未定元 x 的多项式 (简称一元多项式) 的表达式

$$a_0 + a_1 x + \cdots + a_n x^n \quad (a_i \in R)$$

唯一 (不计系数为 0 的项), 并称 $R[x]$ 是 **一元多项式环**. 规定: 系数全为 0 的一元多项式为 **零多项式**, 记为 0. 对于一元多项式可以如通常一样, 引入次数的概念.

定义 4

设

$$a_0 + a_1 x + \cdots + a_n x^n \quad (a_n \neq 0)$$

是 R 上的一个一元多项式, 则非负整数 n 称为这个多项式的 **次数**. 零多项式 0 没有次数.

对于任意给定的 R_0 来说, R_0 未必有 R 上的未定元.

例 R 是整数环,R_0 是包含所有 $a+bi(a$、b 的整数)的整环,即 R_0 是高斯整环,这时对 R_0 的每一个元 $\alpha=a+bi$ 来说都不是 R 上的未定元,因为

$$(a^2+b^2)+(-2)\alpha+\alpha^2=0.$$

但对于某些 R_0 来说,我们有

定理1 设 R 是有单位元 1 的交换环,则一定存在 R 上的未定元 x,因此也就存在 x 上的多项式环 $R[x]$.

证明 我们分三步来证明这个定理.

首先,我们利用 R 来作一个环 $\bar{P}$.令 $\bar{P}$ 刚好包含所有无穷数列 $(a_0,a_1,\cdots,a_n)$,其中 $a_i \in R$,且只有有限个 $a_i \neq 0$.并规定:

$$(a_0,a_1,a_2,\cdots)=(b_0,b_1,b_2,\cdots)\Leftrightarrow a_i=b_i \quad (i=0,1,2,3,\cdots),$$

同时在 $\bar{P}$ 中定义加法和乘法:

$$(a_0,a_1,\cdots)+(b_0,b_1,\cdots)=(a_0+b_0,a_1+b_1,\cdots),$$
$$(a_0,a_1,a_2,\cdots)(b_0,b_1,b_2,\cdots)=(c_0,c_1,c_2,\cdots),$$

其中,$c_k=\sum_{i+j=k}a_ib_j(k=1,2,3,\cdots)$.

显然它们是 $\bar{P}$ 的两个二元运算,而且 $\bar{P}$ 对于这个加法来说构成一个加群,这个加群的零元是 $(0,0,0,\cdots)$;$\bar{P}$ 对于这个乘法来说适合结合律和交换律.我们证明一下乘法适合结合律:设

$$(a_0,a_1,a_2,\cdots)(b_0,b_1,b_2,\cdots)=(d_0,d_1,d_2,\cdots),$$
$$[(a_0,a_1,\cdots)(b_0,b_1,\cdots)](c_0,c_1,\cdots)=(e_0,e_1,\cdots).$$

按乘法的定义,有

$$d_m=\sum_{i+j=m}a_ib_j,$$
$$e_m=\sum_{m+k=n}d_mc_k=\sum_{m+k=n}\Big(\sum_{i+j=m}a_ib_j\Big)c_k=\sum_{i+j+k=n}a_ib_jc_k,$$

把 $(a_0,a_1,\cdots)[(b_0,b_1,\cdots)(c_0,c_1,\cdots)]$ 计算一下,可以得到同样的结果.

这两个二元运算也适合分配律:设

$$(a_0,a_1,\cdots)[(b_0,b_1,\cdots)+(c_0,c_1,\cdots)]=(d_0,d_1,\cdots),$$

由加法和乘法定义,有

$$d_k=\sum_{i+j=k}a_i(b_j+c_j)=\sum_{i+j=k}a_ib_j+\sum_{i+j=k}a_ic_j.$$

把 $(a_0,a_1,\cdots)(b_0,b_1,\cdots)+(a_0,a_1,\cdots)(c_0,c_1,\cdots)$ 算出来,显然会得到同样的结

果.在 $\bar{P}$ 里,我们有

$$(a_0,\,0,\,0,\,\cdots)(b_0,\,b_1,\,\cdots)=(a_0b_0,\,a_0b_1,\,\cdots).\qquad(1)$$

由式(1)式我们可以得到

$$(1,\,0,\,0,\,\cdots)(b_0,\,b_1,\,\cdots)=(b_0,\,b_1,\,\cdots),$$

这也就是说 $\bar{P}$ 有单位元 $(1,\,0,\,0,\,\cdots)$.这样 $\bar{P}$ 构成一个有单位元的交换环.

第二步,我们可以利用 $\bar{P}$ 来得到一个包含 R 的环 P.由加法的定义,有

$$(a,\,0,\,0,\,\cdots)+(b,\,0,\,0,\,\cdots)=(a+b,\,0,\,0,\,\cdots),$$

由(1)有

$$(a,\,0,\,0,\,\cdots)(b,\,0,\,0,\,\cdots)=(ab,\,0,\,0,\,\cdots).$$

这样,全体形如 $(a,\,0,\,0,\,\cdots)$ 的 $\bar{P}$ 的元构成一个子环 $\bar{R}$,且

$$(a,\,0,\,0,\,\cdots)\leftrightarrow a$$

是 $\bar{R}$ 与 R 间的一个同构映射.因为 R 同 $\bar{P}$ 根本没有共同元,所以由挖补定理,用 R 来代替 $\bar{R}$,得到一个包含 R 的环 P,P 也是有单位元的交换环,并且 P 的单位元就是 R 的单位元.

最后,我们证明 P 包含 R 上的未定元.设

$$x=(0,\,1,\,0,\,0,\,\cdots),$$

则有

$$x^k=\overset{k\uparrow}{\overbrace{(0,\,\cdots,\,0}},\,1,\,0,\,\cdots).\qquad(2)$$

当 $k=1$ 时,(2)式成立.假设对于 $k-1$,(2)式是成立的.那么

$$x^k=(0,\,1,\,0,\,\cdots)\overset{k-1\uparrow}{\overbrace{(0,\,0,\,\cdots,\,0}},\,1,\,0,\,\cdots)=(\sum_{i+j=0}a_ib_j,\,\sum_{i+j=1}a_ib_j,\,\cdots).$$

但只有 a_1 和 b_{k-1} 等于 1,其余 a_i、b_j 都等于零,所以除了在 $\sum\limits_{i+j=k}a_ib_j$ 这个和中有一项 $a_1b_{k-1}=1\times1=1\neq0$ 以外,其余 $\sum\limits_{i+j\neq k}a_ib_j$ 都等于零,因此

$$x^k=\overset{k\uparrow}{\overbrace{(0,\,0,\,\cdots,\,0}},\,1,\,0,\,\cdots).$$

现在假设在 P 中,

$$a_0+a_1x+\cdots+a_nx^n=0\quad(a_i\in R),$$

那么在 $\bar{P}$ 中

$$(a_0, 0, \cdots) + (a_1, 0, \cdots)x + \cdots + (a_n, 0, \cdots)x^n = (0, 0, \cdots).$$

这样由(2)和(1),有

$$(a_0, a_1, \cdots, a_n, 0, \cdots) = (0, 0, \cdots),$$

因而
$$a_0 = a_1 = \cdots = a_n = 0,$$
即 x 是 R 上的未定元.

我们将多项式的概念加以推广.对于一个有单位元的交换环 R_0,和它的一个包含 R_0 的单位元的子环 R.我们从 R_0 中任取 n 个元 $\alpha_1, \alpha_2, \cdots, \alpha_n$,作 R 上的 α_1 的多项式环 $R[\alpha_1]$,然后作 $R[\alpha_2]$ 上的 α_2 的多项式环 $R[\alpha_1][\alpha_2]$.这样一直下去,就可以得到 $R[\alpha_1]R[\alpha_2]\cdots R[\alpha_n]$.这个环包括所有可以写成

$$\sum_{i_1 i_2 \cdots i_n} a_{i_1 i_2 \cdots i_n} \alpha_1^{i_1} \alpha_2^{i_2} \cdots \alpha_n^{i_n} \quad (a_{i_1 \cdots i_n} \in R, \text{但只有有限个 } a_{i_1 \cdots i_n} \neq 0)$$

形式的元.

定义5

一个有上述形式的元称为 R 上的 $\alpha_1, \alpha_2, \cdots, \alpha_n$ 的一个**多项式**,$a_{i_1 \cdots i_n}$ 称为多项式的**系数**.环 $R[\alpha_1][\alpha_2]\cdots[\alpha_n]$ 称为 R 上的 $\alpha_1, \alpha_2, \cdots, \alpha_n$ 的**多项式环**,记为 $R[\alpha_1, \alpha_2, \cdots, \alpha_n]$.

容易看出,在环 $R[\alpha_1, \alpha_2, \cdots, \alpha_n]$ 中,两个多项式的加法和乘法适合以下计算规则:

$$\sum_{i_1 \cdots i_n} a_{i_1 \cdots i_n} \alpha_1^{i_1} \cdots \alpha_n^{i_n} + \sum_{i_1 \cdots i_n} b_{i_1 \cdots i_n} \alpha_1^{i_1} \cdots \alpha_n^{i_n} = \sum_{i_1 \cdots i_n} (a_{i_1 \cdots i_n} + b_{i_1 \cdots i_n}) \alpha_1^{i_1} \cdots \alpha_n^{i_n},$$

$$\left(\sum_{i_1 \cdots i_n} a_{i_1 \cdots i_n} \alpha_1^{i_1} \cdots \alpha_n^{i_n} \right) \left(\sum_{j_1 \cdots j_n} b_{j_1 \cdots j_n} \alpha_1^{j_1} \cdots \alpha_n^{j_n} \right) = \sum_{k_1 \cdots k_n} c_{k_1 \cdots k_n} \alpha_1^{k_1} \cdots \alpha_n^{k_n},$$

其中,$c_{k_1 \cdots k_n} = \sum_{i_m + j_m = k_m} a_{i_1 \cdots i_n} b_{j_1 \cdots j_n}$.

同前面类似,我们有

定义6

R_0 的 n 个元 $x_1, x_2, \cdots, x_n$ 称为 R 上的**无关未定元**,若对于 $R[\alpha_1, \alpha_2, \cdots, \alpha_n]$ 任一多项式 $f(x_1, x_2, \cdots, x_n) = 0$,除非 $f(x)$ 的所有系数都等于 0.

根据定义6,R 上的一个未定元 $x_1, x_2, \cdots, x_n$ 的多项式(简称 n **元多项式**)的表达式

$$\sum_{i_1 \cdots i_n} a_{i_1 \cdots i_n} x_1^{i_1} \cdots x_n^{i_n} \quad (a_{i_1 \cdots i_n} \in R)$$

唯一(不计系数为 0 的项).

定理 2 设 R 是一个有单位元的交换环，n 是一个正整数，则一定存在 R 上的无关未定元 $x_1, x_2, \cdots, x_n$，从而也就存在 R 上的多项式环 $R[x_1, x_2, \cdots, x_n]$.

证明 下面我们用归纳法来证明.

当 $n=1$ 时，x 显然是 R 上的无关未定元，结论成立.

假设结论对于 $n-1$ 成立，即 $x_1, x_2, \cdots, x_{n-1}$ 是 R 上的无关未定元. 那么对于 n 的情况，由定理 1，我们可以找到一个 $R[x_1, x_2, \cdots, x_n]$，使得 x_n 是 $R[x_1, x_2, \cdots, x_{n-1}]$ 上的未定元. 由

$$\sum_{i_1 \cdots i_n} a_{i_1 \cdots i_n} x_1^{i_1} \cdots x_n^{i_n} = 0, \tag{3}$$

可得

$$\sum_{i_1 \cdots i_n} (a_{i_1 \cdots i_n} x_1^{i_1} \cdots x_{n-1}^{i_{n-1}}) x_n^{i_n} = 0,$$

从而

$$\sum_{i_n} \Big(\sum_{i_1 \cdots i_n} a_{i_1 \cdots i_n} x_1^{i_1} \cdots x_{n-1}^{i_{n-1}} \Big) x_n^{i_n} = 0.$$

这样，因为 x_n 是 $R[x_1, x_2, \cdots, x_{n-1}]$ 上的未定元，如果 (3) 成立，一定有

$$\sum_{i_1 \cdots i_{n-1}} a_{i_1 \cdots i_n} x_1^{i_1} \cdots x_{n-1}^{i_{n-1}} = 0 \quad (i_n = 0, 1, \cdots),$$

由于 $x_1, x_2, \cdots, x_{n-1}$ 是 R 上的无关未定元，可得所有

$$a_{i_1 \cdots i_n} = 0,$$

即 $x_1, x_2, \cdots, x_n$ 是 R 上的无关未定元，从而也就存在 R 上的多项式环 $R[x_1, x_2, \cdots, x_n]$.

上述 n 个无关未定元的多项式（简称 n 元多项式）的定义与普通 n 个无关变量的多项式的定义并不相同，但这两种多项式有很类似的性质. 这两种多项式的计算规则相同，我们已经看到. 进一步我们有

定理 3 设 $R[x_1, x_2, \cdots, x_n]$ 和 $R[\alpha_1, \alpha_2, \cdots, \alpha_n]$ 都是有单位元的交换环 R 上的多项式环，$x_1, x_2, \cdots, x_n$ 是 R 上的无关未定元，$\alpha_1, \alpha_2, \cdots, \alpha_n$ 是 R 上的任意元，则

$$R[x_1, x_2, \cdots, x_n] \text{ 和 } R[\alpha_1, \alpha_2, \cdots, \alpha_n]$$

同态.

证明 设

$$f(x_1, x_2, \cdots, x_n) = \sum_{i_1 \cdots i_2} a_{i_1 \cdots i_2} x_1^{i_1} \cdots x_n^{i_n} \in R[x_1, x_2, \cdots, x_n],$$

$$f(\alpha_1, \alpha_2, \cdots, \alpha_n) = \sum_{i_1 \cdots i_2} a_{i_1 \cdots i_2} x_1^{i_1} \cdots x_n^{i_n} \in R[\alpha_1, \alpha_2, \cdots, \alpha_n],$$

那么

$$f(x_1, x_2, \cdots, x_n) \to f(\alpha_1, \alpha_2, \cdots, \alpha_n)$$

是 $R[x_1, x_2, \cdots, x_n]$ 到 $R[\alpha_1, \alpha_2, \cdots, \alpha_n]$ 的一个映射,因为对于 $\forall f(x_1, x_2, \cdots, x_n) \in R[x_1, x_2, \cdots, x_n]$,由于 $x_1, x_2, \cdots, x_n$ 是无关未定元,所以 $f(x_1, x_2, \cdots, x_n)$ 中的系数 $a_{i_1 \cdots i_n}$ 唯一确定,即 $f(x_1, x_2, \cdots, x_n)$ 只有一个象,就是 $f(\alpha_1, \alpha_2, \cdots, \alpha_n)$.显然这个映射还是一个满射.

由于在 $R[x_1, x_2, \cdots, x_n]$ 或 $R[\alpha_1, \alpha_2, \cdots, \alpha_n]$ 里两个多项式的相加或相乘都适合同一规律,所以这个映射是同态映射.

定理 3 告诉我们,若 $R[x_1, x_2, \cdots, x_n]$ 的若干个元 $f_1(x_1, x_2, \cdots, x_n)$,$f_2(x_1, x_2, \cdots, x_n)$,$\cdots$,$f_n(x_1, x_2, \cdots, x_n)$ 之间有一个由加法和乘法计算的关系存在,那么用一个包含 R 交换环 R_0(R 的单位元也是 R_0 的单位元)的任意 n 个元 $\alpha_1, \alpha_2, \cdots, \alpha_n$ 去代替 $x_1, \cdots, x_n$,这个关系仍然成立.这正是说代入的可能,但代入的可能正是普通多项式的一个重要性质.

§7　理　想

在群论中,我们已经看到不变子群有着特殊的作用.相当于群的不变子群,在环的子环中也有一类特殊的子环,就是理想子环,它在环的讨论中占有非常重要的地位.

定义1

环 R 的一个非空子集 $\mathfrak{A}$ 称为一个**理想子环**,简称**理想**,若
(1) $a, b \in \mathfrak{A} \Rightarrow a - b \in \mathfrak{A}$;
(2) $a \in \mathfrak{A}, r \in R \Rightarrow ra, ar \in \mathfrak{A}$.

通过(1),一个理想 $\mathfrak{A}$ 是一个加群;通过(2),$\mathfrak{A}$ 对于乘法来说是闭的,所以一个理想一定是一个子环;而且(2)进一步要求,$\mathfrak{A}$ 的任一元同 R 的任一元的乘积都必须在 $\mathfrak{A}$ 中.所以一个理想所适合的条件比一般子环的要强一点.

那任意一个环是不是一定有理想? 答案是肯定的.一个环 R 至少有以下两个理想:

1. 只含有零元的子集 $\{0\}$,这个理想称为 R 的**零理想**;

2. R 本身,这个理想称为 R 的**单位理想**.

它们称为环 R 的**平凡理想**.有的环除了平凡理想以外,没有其他的理想,比如除环.

定理1　一个除环(或域)R 只有两个理想:零理想和单位理想.

证明　设 $\mathfrak{A}$ 是 R 的一个非零理想.对于任意非零元 $a \in \mathfrak{A}$,由理想的定义,$a^{-1}a = 1 \in \mathfrak{A}$,因而 $\forall b \in R$,有 $b = b \cdot 1 \in \mathfrak{A}$,即 $\mathfrak{A} = R$.

这时,理想这个概念对于除环或域没有多大用处.一般地,一个环除了平凡理想以外,还有其他的理想.

例1 在整数环 $\mathbf{Z}$ 中,一个整数 $n \neq 0,1$ 的所有倍数 $rn(r \in R)$ 是 $\mathbf{Z}$ 的一个理想.

例2 一个环 R 上的一元多项式环 $R[x]$,那么所有多项式

$$\mathfrak{A} = \{a_1 x + a_2 x^2 + \cdots + a_n x^n \mid a_i \in R, n \geqslant 1\}$$

是 $R[x]$ 的一个理想. 因为,显然 $\mathfrak{A}$ 非空.对

$$\forall f(x) = a_1 x + a_2 x^2 + \cdots + a_n x^n, g(x) = b_1 x + b_2 x^2 + \cdots + b_n x^n \in A,$$

有 $\quad f(x) - g(x) = (a_1 - b_1)x + (a_2 - b_2)x^2 + \cdots + (a_n - b_n)x^n \in A.$

对 $\forall r(x) = a_0 + a_1 x + a_2 x^2 + \cdots + a_n x^n \in R[x]$,有

$$f(x)r(x) = (a_1 x + a_2 x^2 + \cdots + a_n x^n)(a_0 + a_1 x + a_2 x^2 + \cdots + a_n x^n)$$
$$= a_1 a_0 x + (a_2 a_0 + a_1^2)x^2 + \cdots + a_n^2 x^{2n} \in A,$$
$$r(x)f(x) = (a_0 + a_1 x + a_2 x^2 + \cdots + a_n x^n)(a_1 x + a_2 x^2 + \cdots + a_n x^n)$$
$$= a_0 a_1 x + (a_0 a_2 + a_1^2)x^2 + \cdots + a_n^2 x^{2n} \in A.$$

例3 整数环 $\mathbf{Z}$ 是数环 $R = \{a + b\sqrt{2} \mid a, b \in \mathbf{Z}\}$ 的一个子环,但 $\mathbf{Z}$ 却不是 R 的理想,因为 $\forall z = \mathbf{Z}, a + bi \in R$,有 $(a + b\sqrt{2})z = az + bz\sqrt{2} \notin \mathbf{Z}$.

下面我们来讨论理想的交运算.

定理2 设 R 是一个环,$\mathfrak{A}_1$ 和 $\mathfrak{A}_2$ 是 R 的两个理想,则 $\mathfrak{A}_1 \bigcap \mathfrak{A}_2$ 也是 R 的理想.

证明 显然 $\mathfrak{A}_1 \bigcap \mathfrak{A}_2$ 非空. 对 $\forall a, b \in \mathfrak{A}_1 \bigcap \mathfrak{A}_2, r \in R$,则由 $\mathfrak{A}_1$ 和 $\mathfrak{A}_2$ 是 R 的两个理想知:

$$a - b \in \mathfrak{A}_1, ra, ar \in \mathfrak{A}_1 \text{ 和 } a - b \in \mathfrak{A}_2, ra, ar \in \mathfrak{A}_2,$$

从而 $a - b \in \mathfrak{A}_1 \bigcap \mathfrak{A}_2, ra, ar \in \mathfrak{A}_1 \bigcap \mathfrak{A}_2$,故 $\mathfrak{A}_1 \bigcap \mathfrak{A}_2$ 也是 R 的理想.

这个结论还可以推广到:环 R 任意多个理想的交仍是 R 的理想.

对于任意的环 R,我们可以通过一些方法构造出它的理想.首先任取 $a \in R$,利用 a 构造一个集合 $\mathfrak{A}$,即

$$\mathfrak{A} = \{(x_1 a y_1 + \cdots + x_m a y_m) + sa + at + na \in R \mid (x_i, y_i, s, t \in R, n \text{ 是整数})\},$$

则 $\mathfrak{A}$ 是 R 的一个理想.事实上,$\mathfrak{A} \neq \varnothing$,而且对于 $\mathfrak{A}$ 中任意两个元素

$$(x_1 a y_1 + \cdots + x_m a y_m) + sa + at + na, (x_1' a y_1' + \cdots + x_m' a y_m') + s'a + at' + n'a,$$

有

$$[(x_1 a y_1 + \cdots + x_n a y_m + sa + at + na)] - [(x_1' a y_1' + \cdots + x_m' a y_m')$$
$$+ s'a + at' + n'a] = x_1 a y_1 + \cdots + x_m a y_m + (-x_1')a y_1' + \cdots$$
$$+ (-x_m')a y_m' + (s - s')a + a(t - t') + (n - n')a \in A.$$

并且对于 $\forall r \in R$，有

$$r[(x_1ay_1 + \cdots + x_may_m) + sa + at + na]$$
$$= [(rx_1)ay_1 + \cdots + (rx_m)ay_m] + (rs)a + rat + rna$$
$$= [(rx_1)ay_1 + \cdots + (rx_m)ay_m + rat] + [rs + nr]a \in A$$
$$[(x_1ay_1 + \cdots + x_may_m) + sa + at + na]r$$
$$= [x_1a(y_1r) + \cdots + x_ma(y_mr)] + sar + atr + nar$$
$$= [x_1a(y_1r) + \cdots + x_ma(y_mr) + sar] + a(nr + tr) \in A.$$

$\mathfrak{A}$ 显然是包含 a 的最小的理想.

定义2

上面这样的 $\mathfrak{A}$ 称为由元素 a 生成的**主理想**.这个理想我们用符号 (a) 来表示.

特别地,当 R 是交换环时,

$$(a) = \{ra + na \mid r \in R, n \text{ 是整数}\}.$$

当 R 有单位元时,

$$(a) = \left\{ \sum x_i a y_i \mid x_i, y_i \in R \right\}.$$

因为 $sa = as1$, $at = ta1$, $na = (n1)a1$.

当 R 既是交换环又有单位元时,

$$(a) = \{ra \mid r \in R\}.$$

如例 1 的 $\mathfrak{A} = (r)$.

例 4 在整数域 $\mathbf{Z}$ 上的一元多项式环 $\mathbf{Z}[x]$ 中,由元素 x 生成的主理想 (x) 是常数项为零的多项式的集合,即

$$(x) = \{xf(x) \mid f(x) \in \mathbf{Z}[x]\}$$

主理想的这个构造方法容易推广.设环 R 中任意 m 个元 $a_1, a_2, \cdots, a_m$,类似地,构造一个集合

$$\mathfrak{A} = \{s_1 + s_2 + \cdots s_m \in R \mid s_i \in (a_i)\},$$

则 $\mathfrak{A}$ 是 R 的一个理想.事实上,$\mathfrak{A} \neq \varnothing$,而且对于 $\mathfrak{A}$ 中任意两个元素

$$s_1 + s_2 + \cdots + s_m, \ s_1' + s_2' + \cdots + s_m' \quad (s_i, s_i' \in (a_i)),$$

由于 $s_i - s_i' \in (a_i)$

$$(s_1 + s_2 + \cdots + s_m) - (s_1' + s_2' + \cdots + s_m')$$
$$= (s_1 - s_1') + (s_2 - s_2') + \cdots + (s_m - s_m') \in A,$$

并且对于 $\forall r \in R$，由于 $rs_i, s_i r \in (a_i)$，

$$r(s_1 + s_2 + \cdots + s_m) = rs_1 + rs_2 + \cdots + rs_m \in A,$$
$$(s_1 + s_2 + \cdots + s_m)r = s_1 r + s_2 r + \cdots + s_m r \in A,$$

$\mathfrak{A}$ 显然是包含 $a_1, a_2, \cdots, a_m$ 的最小理想.

定义3

理想 $\mathfrak{A}$ 称为由 $a_1, a_2, \cdots, a_m$ 生成的理想，记为 $(a_1, a_2, \cdots, a_m)$.

例5 设 $\mathbf{Z}[x]$ 是整数环 $\mathbf{Z}$ 上的一元多项式环，因为 $\mathbf{Z}[x]$ 是有单位元的交换环，那么理想

$$(2, x) = \{2p_1(x) + xp_2(x) \mid p_1(x), p_2(x) \in \mathbf{Z}[x]\}$$
$$= \{2a_0 + a_1 x + a_n x^n \mid a_i \in \mathbf{Z}, n \geqslant 0\}.$$

但是 $(2, x)$ 不是一个主理想. 因为假设 $(2, x)$ 是一个主理想，则 $\exists p(x) \in \mathbf{Z}[x]$，即 $(2, x) = (p(x))$，那么 $2 \in (p(x))$，$x \in (p(x))$，因而

$$2 = q(x)p(x), \quad x = h(x)p(x),$$

由 $2 = q(x)p(x)$，得 $p(x) = a$，再由 $x = h(x)p(x) = ah(x)$，得 $a = \pm 1$. 这样，$\pm 1 = p(x) \in (2, x)$，但这与 $\pm 1 \notin (2, x)$ 矛盾.

§8　剩余类环

我们已经说过，理想在环论中所起的作用同不变子群在群论中所起的作用类似. 在这一节里我们将具体看到这一点.

设 $\mathfrak{A}$ 是环 R 的一个理想，若只就加法而言，R 是关于加法构成一个加群，这时 $\mathfrak{A}$ 就是 R 的一个不变子群，这样就可以得到 $\mathfrak{A}$ 的陪集

$$[a], [b], [c], \cdots$$

就是 R 的一个分类，称为**模 $\mathfrak{A}$ 的剩余类**. 这个分类相当于 R 的元间的一个等价关系，我们记为

$$a \equiv b(\mathfrak{A})(念成 a 同余 b 模 \mathfrak{A}).$$

由 R 是关于加法构成的群是加群，一个类

$$[a] = a + \mathfrak{A} = \{a + u \mid u \in \mathfrak{A}\},$$

而 R 中任意两个元同余的条件是：

$$a \equiv b(\mathfrak{A}) \Leftrightarrow a - b \in \mathfrak{A}.$$

我们把剩余类所构成的集合记为 $R/\mathfrak{A}$，即

$$R/\mathfrak{A} = \{[a] \mid a \in R\} = \{a + \mathfrak{A} \mid a \in R\}.$$

并且规定以下两种法则

$$[a] + [b] = [a + b],$$
$$[a][b] = [ab].$$

由于 $\mathfrak{A}$ 是一个理想，利用上述同余条件容易证明，这两个法则是 $R/\mathfrak{A}$ 的二元运算. 于是我们有：

定理 1 设 $\mathfrak{A}$ 是环 R 的一个理想，那么集合 $R/\mathfrak{A}$ 关于上述两个二元运算也构成一个环，并且 R 与 $R/\mathfrak{A}$ 同态.

证明 映射

$$\phi : a \to [a]$$

显然是 R 到 $R/\mathfrak{A}$ 的一个同态满射，所以 R 与 $R/\mathfrak{A}$ 同态. 而由 §5 定理 2 可得，集合 $R/\mathfrak{A}$ 是一个环.

定义1

环 $R/\mathfrak{A}$ 称为环 R 的模 $\mathfrak{A}$ 的**剩余类环**，同态满射 ϕ 称为环 R 到剩余类环 $R/\mathfrak{A}$ 的**自然同态**.

推论 若 R 是交换环，则 $R/\mathfrak{A}$ 也是交换环；若 R 有单位元 1，则 $R/\mathfrak{A}$ 也有单位元 $[1]$.

例 1 在整数环 $\mathbf{Z}$ 中，由 2 生成的主理想为 $(2) = \{2m \mid m \in \mathbf{Z}\}$，这时剩余类环 $\mathbf{Z}/(2)$ 就是模 2 剩余类环，即

$$\mathbf{Z}/(2) = \{[0], [1]\} = \mathbf{Z}_2.$$

在整数环 $\mathbf{Z}$ 中，由任意整数 n 生成的主理想 $(n) = \{rn \mid n \in \mathbf{Z}\}$ 的剩余类环为 $\mathbf{Z}/(n)$. 因为，整数的剩余类环是利用一个整数 n 同整数环 $\mathbf{Z}$ 的元间的同余关系

$$a \equiv b \quad (n)$$

来构成的，而这个同余关系与利用 R 的主理想 (n) 来规定的等价关系

$$a \equiv b \quad (n)$$

是一样的. 因为

$$n \mid a - b \Leftrightarrow a - b \in (n) \Leftrightarrow [x] = [y],$$

这样，模 n 的整数的剩余类环 $\mathbf{Z}_n = \mathbf{Z}/(n)$.

可以看出，一般的剩余类环正是整数的剩余类环的推广，所以连名称以及以上两种等价关系的符号都相同.

例 2 在实数域 $\mathbf{R}$ 上的一元多项式环 $\mathbf{R}[x]$ 中的主理想 (x)，这时剩余类环 $\mathbf{R}[x]/(x) = \{[a_0] \mid a_0 \in \mathbf{R}\}$. 因为，对 $\forall f(x), g(x) \in \mathbf{R}[x]$，有

$$f(x) \equiv g(x)((x)) \Leftrightarrow f(x) - g(x) \in (x) \Leftrightarrow x \mid f(x) - g(x),$$

而由 $f(x) = xq(x) + a_0 (a_0 \in \mathbf{R})$，于是

$$f(x) \equiv g(x)((x)) \Leftrightarrow f(x), g(x) \text{ 有相同的 } a_0,$$

即 $[f(x)] = [a_0]$.

定义4

设 ϕ 是环 R 到环 $\bar{R}$ 的一个同态满射，则 $\bar{R}$ 的零元 $\bar{0}$ 在 ϕ 之下的所有逆象所构成的 R 的子集称为 ϕ 的**核**，记为 $\ker \phi$，即

$$\ker \phi = \phi^{-1}(\bar{0}) = \{x \mid \phi(x) = \bar{0}, x \in R\}.$$

定理 2 设 R 和 $\bar{R}$ 是两个环，并且 R 与 $\bar{R}$ 同态，那么同态满射 ϕ 的核 $\ker \phi$ 是 R 的一个理想，并且

$$R/\ker \phi \cong \bar{R}.$$

证明 我们先证明 $\ker \phi$ 是 R 的一个理想.设 $a, b \in \ker \phi$，那么由核的定义，有

$$\phi: a \to \bar{0}, \quad b \to \bar{0} \quad (\bar{0} \text{ 是 } \bar{R} \text{ 的零元}),$$

这样

$$a - b \to \bar{0} - \bar{0} = \bar{0}, \quad a - b \in \ker \phi.$$

对 $\forall r \in R$，在 ϕ 之下，$r \to \bar{r}$.那么

$$ra \to \bar{r}\,\bar{0} = \bar{0}, \quad ar \to \bar{0}\,\bar{r} = \bar{0}.$$

故

$$ra \in \ker \phi, \quad ar \in \ker \phi.$$

现在我们证明 $R/\ker \phi \cong \bar{R}$. 我们规定一个 $R/\ker \phi$ 到 $\bar{R}$ 的对应关系

$$\psi: [a] \to \phi(a) = \bar{a},$$

则 ψ 是一个 $R/\ker \phi$ 与 $\bar{R}$ 间的同构映射.首先 ψ 是一个 $R/\ker \phi$ 到 $\bar{R}$ 的映射，因为

$$[a] = [b] \Rightarrow a - b \in \ker \phi \Rightarrow \overline{a - b} = \bar{a} - \bar{b} = \bar{0} \Rightarrow \bar{a} = \bar{b},$$

ψ 显然是一个满射，并且

$$[a] \neq [b] \Rightarrow a-b \in \ker \phi \Rightarrow \overline{a-b} = \bar{a} - \bar{b} \neq \bar{0} \Rightarrow \bar{a} \neq \bar{b}.$$

故 ψ 是一个 $R/\ker \phi$ 与 $\bar{R}$ 间的一一映射. 再由于

$$[a] + [b] = [a+b] \rightarrow \overline{a+b} = \bar{a} + \bar{b},$$

$$[a][b] = [ab] \rightarrow \overline{ab} = \bar{a}\bar{b}.$$

故 ψ 是同构映射.

以上两个定理充分说明了理想与不变子群的平行地位.

例 3 设 $\mathbf{R}[x]$ 是实数环 $\mathbf{R}$ 上的一元多项式环,规定

$$\phi : f(x) \rightarrow f(0) \quad (\forall f(x) \in \mathbf{R}[x]),$$

则 ϕ 是 $\mathbf{R}[x]$ 到 $\mathbf{R}$ 的一个同态满射. 因为:

(1) 显然 ϕ 是映射;

(2) ϕ 是满的: 对 $\forall a_0 \in \mathbf{R}$,$\exists f(x) \in \mathbf{R}[x]$,只要取 $f(x)$ 的常数项为 a_0,就有 $f(0) = a_0$;

(3) ϕ 是同态的: 对 $\forall f(x), g(x) \in \mathbf{R}[x]$,有

$$\phi(f(x) + g(x)) = f(0) + g(0) = \phi(f(x)) + \phi(g(x)),$$

$$\phi(f(x)g(x)) = f(0)g(0) = \phi(f(x))\phi(g(x)).$$

现在设 $f(x) = xq(x) + a_0 (a_0 \in \mathbf{R})$,由核 $\ker \phi$ 的定义,有

$$\phi : f(x) \rightarrow 0 \quad (0 \text{ 是 } \mathbf{R} \text{ 的零元}),$$

于是 $\quad\quad\quad\quad \ker \phi = \{xq(x) \mid q(x) \in \mathbf{R}[x]\} = (x).$

由定理 2,有 $\mathbf{R}[x]/(x) \cong \mathbf{R}$.

我们已经知道,子群同不变子群经过一个同态映射是不变的. 事实上,子环同理想也是这样.

定理 3 在环 R 到 $\bar{R}$ 的一个同态满射之下,

(i) R 的一个子环 S 的象 $\bar{S}$ 是 $\bar{R}$ 的一个子环;

(ii) R 的一个理想 A 的象 $\bar{A}$ 是 $\bar{R}$ 的一个理想;

(iii) $\bar{R}$ 的一个子环 $\bar{S}$ 的逆象 S 是 R 的一个子环;

(iv) $\bar{R}$ 的一个理想 $\bar{A}$ 的逆象 $\mathfrak{A}$ 是 R 的一个理想.

这个定理的证明同群论里的相当定理的证明完全类似,留给读者自己证明.

§9 最大理想

我们已经知道,一个环 R 的同态象 $\bar{R}$ 和 R 的剩余类环 $R/\mathfrak{U}$ 同构,因此,只要找出 R 的所有理想,也就找到了 R 的所有同态象.现在我们要利用这些结果,得到通过一个交换环来得到一个域的一种方法.

定义

设 $\mathfrak{U}$ 是环 R 的一个理想,且 $\mathfrak{U} \neq R$,称 $\mathfrak{U}$ 为 R 的最大理想,若除了 R 同 $\mathfrak{U}$ 本身以外,不再有包含 $\mathfrak{U}$ 的理想.

例 1 在整数环 $\mathbf{Z}$ 中,由一个素数 p 所生成的主理想 (p) 是一个最大理想.事实上,设 $\mathfrak{B}$ 是 R 的一个理想,且 $\mathfrak{B} \supseteq (p)$,那么一定存在元素 $q \in \mathfrak{B}$,且 $q \notin (p)$,这时必有 $p \nmid q$,由于 p 是素数,p 与 q 互素,所以一定存在整数 s 和 t,使得

$$sp + tq = 1.$$

由 $\mathfrak{U}$ 是理想,从而 $1 \in \mathfrak{B}$,于是对 $\forall r \in R$,$r = r1 \in \mathfrak{B}$,故

$$\mathfrak{B} = R.$$

如何利用一个环的最大理想得到一个域呢? 首先给了一个环 R,我们可以利用 R 的一个最大理想来得到一个环 $\bar{R}$,使得 $\bar{R}$ 除了平凡理想外,没有其他的理想.

引理 1 设 $\mathfrak{U} \neq R$ 是环 R 的理想,剩余类环 $R/\mathfrak{U}$ 除了平凡理想以外不再有其他理想,当而且仅当 $\mathfrak{U}$ 是 R 的最大理想.

证明 先证明充分性.设 ϕ 是 R 到 $R/\mathfrak{U}$ 的同态满射,$\bar{B} \neq \{\bar{0}\}$ 是 $R/\mathfrak{U}$ 的一个理想,那么由 §8 定理 3,$\bar{B}$ 在 ϕ 之下的逆象 $\mathfrak{B}$ 是 R 的理想,因 $\bar{0} \in \bar{B}$,显然 $\mathfrak{B} \supset \mathfrak{U}$.由 $\mathfrak{U}$ 是 R 的最大理想,所以 $\mathfrak{B} = R$,而 $\bar{B} = R/\mathfrak{U}$,这样 $R/\mathfrak{U}$ 只有平凡理想.

再证明必要性.设 $\mathfrak{B}$ 是 R 的一个理想,且 $\mathfrak{B} \supset \mathfrak{U}$,那么由 §8 定理 3,$\mathfrak{B}$ 在 ϕ 之下的象 $\bar{B}$ 是 $R/\mathfrak{U}$ 的理想.由于 $\mathfrak{B} \supset \mathfrak{U}$,则 $\bar{B} \neq \{\bar{0}\}$,由于 $R/\mathfrak{U}$ 除了平凡理想以外还有理想,故 $\bar{B} = R/\mathfrak{U}$.此时必有 $\mathfrak{B} = R$.否则,$\exists a \in R$,$a \notin \mathfrak{B}$,于是 $[a] \notin \bar{B}$,但 $[a] \in R/\mathfrak{U}$,这与 $\bar{B} = R/\mathfrak{U}$ 矛盾.所以 $\mathfrak{U}$ 是 R 的最大理想.

我们知道,一个域只有平凡理想.反过来,一个只有平凡理想的环却不一定是一个域.但是我们有

引理 2 设 R 是一个有单位元 1 的交换环,若 R 除了平凡理想以外没有其他理想,那么 R 一定是一个域.

证明 设 $\forall a \neq 0$,a 所生成的主理想 $(a) = \{ra \mid r \in R\}$ 显然不是零理想,于是 $(a) = R$.因而 R 的单位元 $1 \in (a)$,所以

$$1 = a'a \quad (a' \in R).$$

这样，R 的每个非零元都有一个逆元，故 R 是一个域.

有以上两个引理我们立刻可以得到

定理 设 R 是一个有单位元 1 的交换环，$\mathfrak{A}$ 是 R 的一个理想，则

$$R/\mathfrak{A} \text{ 是一个域} \Leftrightarrow \mathfrak{A} \text{ 是一个最大理想}.$$

这样，给了一个有单位元 1 的交换环 R，我们只要找得到 R 的一个最大理想 $\mathfrak{A}$，就可以得到一个域 $R/\mathfrak{A}$.

例 2 整数环 $\mathbf{Z}$ 中有单位元 1 且可交换，由例 1 知，由一个素数 p 所生成的主理想 (p) 是一个最大理想，故 $\mathbf{Z}/(p)$，即 $\mathbf{Z}_p$ 是一个域.

例 3 在实数域 $\mathbf{R}$ 上的一元多项式环 $\mathbf{R}[x]$ 中的主理想 (x) 就是一个最大理想，因为我们已经知道，$\mathbf{R}[x]/[x] \cong \mathbf{R}$，而 $\mathbf{R}$ 是域，于是 $\mathbf{R}[x]$ 也是域，故 (x) 是 $\mathbf{R}[x]$ 的最大理想.

§10 商 域

上节我们已经学习了利用一个有单位元 1 的交换环的最大理想构造域的一种方法，现在让我们看一看，由一个环得到一个域的第二种方法.

我们知道从整数环出发，利用任意两个整数的商（除数不为 0）就可以得到一个域，即有理数域，这时整数环就是有理数域的一个子环. 那么对任意一个环 R，是不是都可以找到一个除环或域包含这个 R？因为除环（或域）是没有零因子的，所以一个环 R 要被一个除环（或域）包含，R 中也不能有零因子. 当 R 是一个非交换环时，它当然不能包含在一个域中；同时有例子告诉我们（参看 A. Maclev, On the Immersion of an Algebraic Ring into a Field, Math. Ann., 113, 1936），一个无零因子的非交换环不一定能被一个除环所包含. 而这一节我们要证明，当 R 是交换环时，无零因子的这个条件还是充分的. 我们所用的方法完全由整数和有理数的关系得来的.

定理 1 每一个没有零因子的交换环 R 都是一个域 Q 的子环.

证明 当 $R = \{0\}$ 时，定理显然成立；

若 R 至少有两个元，设 $R = \{a, b, c, \cdots\}$，我们构造一个集合

$$A = \left\{ \text{所有符号} \frac{a}{b} \,\middle|\, a, b \in R, b \neq 0 \right\}.$$

在 A 的元间我们规定一个关系

$$\sim: \frac{a}{b} \sim \frac{a'}{b'} \Longleftrightarrow ab' = a'b.$$

这是一个等价关系,因为

(i) 自反性:$\dfrac{a}{b} \sim \dfrac{a}{b}$;

(ii) 对称性:$\dfrac{a}{b} \sim \dfrac{a'}{b'} \Rightarrow \dfrac{a'}{b'} \sim \dfrac{a}{b}$;

(iii) 传递性:由

$$\frac{a}{b} \sim \frac{a'}{b'}, \frac{a'}{b'} \sim \frac{a''}{b''}.$$

可得
$$ab' = a'b, \ a'b'' = a''b',$$
$$(ab'')b' = (ab')b'' = (a'b)b'' = (a'b'')b = (a''b')b = (a''b)b'.$$

但 $b' \neq 0$,R 没有零因子,所以可得

$$ab'' = a''b.$$

故
$$\frac{a}{b} \sim \frac{a''}{b''}.$$

利用这个等价关系,我们把集合 A 分成若干类 $\left[\dfrac{a}{b}\right]$,则 A 关于$\sim$的商集

$$Q_0 = A \sim = \left\{ \left[\frac{a}{b}\right] \,\middle|\, \frac{a}{b} \in A \right\},$$

并规定

$$\left[\frac{a}{b}\right] + \left[\frac{c}{d}\right] = \left[\frac{ad+bc}{bd}\right],$$

$$\left[\frac{a}{b}\right]\left[\frac{c}{d}\right] = \left[\frac{ac}{bd}\right].$$

可以验证运算结果与代表元的选择无关,原因如下:

第一,由于 R 没有零因子,

$$b \neq 0, \ d \neq 0 \Rightarrow bd \neq 0,$$

其中,$\left[\dfrac{ad+bc}{bd}\right]$ 和 $\left[\dfrac{ac}{bd}\right]$ 都是 Q_0 的元素.

第二，设

$$\left[\frac{a}{b}\right]=\left[\frac{a'}{b'}\right],\quad \left[\frac{c}{d}\right]=\left[\frac{c'}{d'}\right],$$

那么 $\qquad\qquad ab'=a'b,\quad cd'=c'd, \qquad\qquad\qquad\qquad (1)$

分别乘以 $d'db'b$，得 $\quad ab'dd'=a'bd'd,\quad cd'bb'=c'dbb',$

两式相加得 $\qquad\qquad (ab+bc)b'd'=(a'b'+b'c')bd,$

从而 $\qquad\qquad\qquad \left[\frac{ad+bc}{bd}\right]=\left[\frac{a'd'+b'c'}{b'd'}\right].$

另一方面，将(1)中两式相乘，得 $ab'cd'=a'bc'd,$

即 $\qquad\qquad\qquad (ac)(b'd')=(a'c')(bd),$

$$\left[\frac{ac}{bd}\right]=\left[\frac{a'c'}{b'd'}\right].$$

所以这样规定的运算是 Q_0 的加法和乘法，而 Q_0 对于加法来说构成一个加群：

(1) $\qquad\qquad \left[\frac{a}{b}\right]+\left[\frac{c}{d}\right]=\left[\frac{c}{d}\right]+\left[\frac{a}{b}\right];$

(2) $\quad \left[\frac{a}{b}\right]+\left(\left[\frac{c}{d}\right]+\left[\frac{e}{f}\right]\right)=\left[\frac{a}{b}\right]+\left[\frac{cf+de}{df}\right]=\left[\frac{adf+bcf+bde}{bdf}\right],$

$\qquad\left(\left[\frac{a}{b}\right]+\left[\frac{c}{d}\right]\right)+\left[\frac{e}{f}\right]=\left[\frac{ab+bc}{bd}\right]+\left[\frac{e}{f}\right]=\left[\frac{adf+bcf+bde}{bdf}\right];$

(3) $\qquad\qquad \left[\frac{0}{b}\right]+\left[\frac{c}{d}\right]=\left[\frac{bc}{bd}\right]=\left[\frac{c}{d}\right];$

(4) $\qquad\qquad \left[\frac{a}{b}\right]+\left[\frac{-a}{b}\right]=\left[\frac{0}{b}\right].$

并且 Q_0 的非零元对于乘法来说作成一个交换群，因为乘法适合交换律与结合律，显然 $\left[\frac{a}{a}\right]$ 是单位元；$\left[\frac{a}{b}\right]$ 的逆元是 $\left[\frac{b}{a}\right]$. 我们很容易验算，分配律也成立. 这样 Q_0 构成一个域.

现在我们作 Q_0 的一个子集

$$R_0=\left\{\left[\frac{qa}{q}\right]\,\middle|\,\forall a\in R,\ q\text{ 是 }R\text{ 中一个固定元}\right\},$$

那么

$$\phi:a\to\left[\frac{qa}{q}\right]$$

是一个 R 与 R_0 间一一映射，并且

$$\phi(a+b)=\left[\frac{qa}{q}\right]+\left[\frac{qb}{q}\right]=\left[\frac{q^2(a+b)}{q^2}\right]=\left[\frac{q(a+b)}{q}\right]=\phi(a)+\phi(b)$$

$$\phi(ab)=\left[\frac{qa}{q}\right]\left[\frac{qb}{q}\right]=\left[\frac{q(ab)}{q}\right]=\phi(a)\phi(b).$$

所以 ϕ 是一个同构映射，这样

$$R\cong R_0,$$

且 R_0 是 Q_0 的子环，显然 $R\bigcap Q_0=\varnothing$，由挖补定理，有一个包含 R 的环 $Q=R\bigcup(Q_0\backslash R_0)$ 存在，满足 $Q\cong Q_0$. 而 Q_0 是一个域，所以 Q 也是一个域.

Q 既然是包含 R 的域，R 的一个元 $b\neq 0$. 在 Q 里的逆元 b^{-1}，因而

$$ab^{-1}=b^{-1}a=\frac{a}{b}\quad(a,b\in R,b\neq 0)$$

在 Q 里有意义，我们有：

定理 2 域 Q 刚好是由所有元

$$\frac{a}{b}\quad(a,b\in R,b\neq 0)$$

所构成的，其中，

$$\frac{a}{b}=ab^{-1}=b^{-1}a.$$

证明 要证明 $Q=\left\{\dfrac{a}{b}\right\}$，只需证明

$$Q_0=\left\{\frac{\left[\dfrac{qa}{q}\right]}{\left[\dfrac{qb}{q}\right]}=\left[\frac{qa}{q}\right]\left[\frac{qb}{q}\right]^{-1}\right\}.$$

对 $\forall\left[\dfrac{a}{b}\right]\in Q_0$，由于

$$\left[\frac{qb}{q}\right]^{-1}=\left[\frac{q}{qb}\right],$$

有

$$\left[\frac{qa}{q}\right]\left[\frac{qb}{q}\right]^{-1} = \left[\frac{q^2a}{q^2b}\right] = \left[\frac{a}{b}\right] = \frac{\left[\frac{qa}{q}\right]}{\frac{qb}{q}}.$$

$\forall a, b \neq 0 \in R \subseteq Q$，且 Q 是域，所以

$$\frac{a}{b} \in Q.$$

Q 与 R 的关系正同 $\mathbf{Q}$ 与 $\mathbf{Z}$ 的关系一样，Q 的构造并不复杂.

定义1 ┄┄┄

一个域 Q 称为环 R 的一个**商域**，若 $Q \supseteq R$，并且

$$Q = \left\{\frac{a}{b} \,\middle|\, a, b \in R, b \neq 0\right\}.$$

例1 有理数域 $\mathbf{Q}$ 上的有理分式域

$$\mathbf{R}(x) = \left\{\frac{f(x)}{g(x)} \,\middle|\, f(x), g(x) \in \mathbf{R}[x], g(x) \neq 0\right\}$$

就是多项式环的商域.

例2 实数域 $\mathbf{R}$ 不是整数环 $\mathbf{Z}$ 的商域.如无理数 $\sqrt{2} \in \mathbf{R}$，就不能表示成任意两个整数的商 $\frac{a}{b}$ 的形式.

由定理 1 和 2，一个有两个以上元的没有零因子的交换环至少有一个商域.一般地，一个环很可能有两个以上的商域.我们有：

定理3 设 R 是一个有两个以上的元的环，F 是一个包含 R 的域，那么 F 包含 R 的一个商域.

证明 在 F 中

$$ab^{-1} = b^{-1}a = \frac{a}{b} \quad (a, b \in R, b \neq 0).$$

有意义.作 F 的子集

$$\overline{Q} = \left\{\frac{a}{b} \,\middle|\, a, b \in R, b \neq 0\right\},$$

$\overline{Q}$ 显然是 R 的一个商域.

R 的每一个商域 Q 的元素既然都可以写成 $\dfrac{a}{b}$ 的样子,由 §3,Q 的元素有以下计算规则

$$\begin{cases} \dfrac{a}{b}=\dfrac{c}{d} \Leftrightarrow ad=bc, \\[2mm] \dfrac{a}{b}+\dfrac{c}{d}=\dfrac{ad+bc}{bd}, \\[2mm] \dfrac{a}{b}\cdot\dfrac{c}{a}=\dfrac{ac}{bd}. \end{cases}$$

而这个计算规则完全取决于 R 的加法和乘法,因此 R 的商域的构造完全决定于 R 的构造.所以我们有:

定理 4 同构的环的商域也同构.

这样,抽象地来看,一个环最多只有一个商域.

习　题

一、单项选择题

1. 设 R 为环,$\forall a,b,c \in R$,m,n 为正整数,下面的运算规律不一定成立的是(　　).

   A. $a^m a^n=a^{m+n}$　　　　　　　　　　B. $m(na)=(ma)n$

   C. $ma+na=(m+n)a$　　　　　　　　D. 若 $ab=ac$,那么 $b=c$

2. 设 $R=\left\{\begin{bmatrix} a & c \\ 0 & b \end{bmatrix} \middle| a,b,c \in \mathbf{Z}\right\}$ 关于矩阵的加法和乘法构成环,则这个环是(　　).

   A. 有单位元的非交换环　　　　　　　B. 无单位元的交换环

   C. 无单位元的非交换环　　　　　　　D. 有单位元的交换环

3. 下列不一定含有单位的环是(　　).

   A. 整环　　　　　　B. 无零因子环　　　　C. 除环　　　　　D. 域

4. 称环 R 为一个除环,若(　　).

   A. R 的乘法适合交换律　　　　　　　B. R 有单位元$(\neq 0)$

   C. R 的非零元素均可逆　　　　　　　D. B,C 均成立

5. 设 R 是有单位元 1 的环,则 R 的全体非零元素集 R^* 关于 R 的乘法运算构成(　　).

   A. 环　　　　　　　B. 群　　　　　　　C. 域　　　　　　D. 除环

6. 一个交换除环被称为(　　).

   A. 有单位元的环　　B. 可除环　　　　　C. 域　　　　　　D. 整环

7. 模 n 的剩余类环 $\mathbf{Z}_n$ 无零因子的充分必要条件是(　　).

A. n 为合数   B. $\mathbf{Z}_n$ 的每个元无逆元

C. $\mathbf{Z}_n$ 是域   D. $\mathbf{Z}_n$ 的加法群是循环群

8. 含 9 个元素的无零因子环的特征是(　　).

    A. 1   B. 3   C. 6   D. 9

9. 设 C 是整环 R 的中心,则下列说法不正确的是(　　).

    A. C 可以是空集   B. $C \neq \varnothing$

    C. R 的单位元 $1 \in C$ D. R 的单位元 $1 \notin C$

10. 下列环是域的是(　　).

    A. $\mathbf{Z}_{10}$ B. $\mathbf{Z}_3$ C. $\mathbf{Z}_4$ D. $\mathbf{Z}_6$

11. 设 ϕ 是环 R_1 到环 R_2 的同态满射,那么下面命题错误的是(　　).

    A. R_1 的理想的象是 R_2 的理想

    B. R_2 的理想的逆象是 R_1 的理想

    C. 若 R_1 为非交换环,则 R_2 为非交换环

    D. ϕ 的同态核是 R_1 的理想

12. 模 6 的剩余类环中的全体零因子是(　　).

    A. $[0]$ B. $[2], [4], [6]$

    C. $[2], [3], [4]$ D. $[0], [2], [3], [4]$

13. 一个域里所有非零元的加法阶是(　　).

    A. 不一样的   B. 一样的   C. 有限的   D. 无限的

14. 一个整环的一个子环不可能(　　).

    A. 有零元   B. 有单位元   C. 无零因子   D. 有零因子

15. 一个有单位元 1 的无零因子交换环被称为(　　).

    A. 有单位元的环   B. 可除环   C. 域   D. 整环

16. 称环 R 的非零子集 A 为 R 的一个理想,假如(　　).

    A. $\forall a, b \in A, \forall r \in R, a-b, br, rb \in A$

    B. $\forall r_1, r_2 \in R, \forall a \in A, r_1 - a, ar_1, r_2 a \in A$

    C. $\forall a \in A, \forall r_1, r_2 \in R, a-r_1, ar_1, r_1 a \in A$

    D. $\forall a \in A, \forall r_1, r_2 \in R, a-r_2, r_1 r_2, r_1 r_2 \in A$

17. 数域 P 上一元多项式环 $P[x]$ 中的理想 $(x+1, x)$ 不是(　　).

    A. 主理想   B. 单位理想   C. 零理想   D. $P[x]$

18. $\mathbf{Z}$ 是整数环,则 $\mathbf{Z}/(5)$ 的元素个数是(　　).

    A. 1   B. 2   C. 5   D. 无限多个

19. 域 Q 是环 R 的商域,$a, b, c \in R$,若 Q 包含 R,下列哪个不是 Q 中元?(　　)

    A. $a^{\frac{1}{2}}$ B. $a+b$ C. $a-b$ D. ab

二、填空题

1. 有理数域 $\mathbf{Q}$ 上的集合 $K=\left\{\begin{pmatrix} a & 2b \\ b & a \end{pmatrix} \bigg| a,b \in \mathbf{Q}\right\}$ 关于方阵的加法和乘法组成一个环,那么 K 的零元是_____,元 $A=\begin{pmatrix} a & 2b \\ b & a \end{pmatrix} \neq 0$ 的负元是_____,单位元是_____,元 $A=\begin{pmatrix} a & 2b \\ b & a \end{pmatrix} \neq 0$ 的逆元是_____.

2. 全体偶数 $(2\mathbf{Z},+,\times)$ 构成的环的零元是_____,元 2 的负元是_____,其中＋是普通加法,×是普通乘法.

3. 只有一个零元素组成的环 $(\{0\},+,\times)$ 的零元是_____,单位元是_____,其中＋是普通加法,×是普通乘法.

4. 在 R 环中,$(a+b)^3 =$ _____.

5. 模 4 的剩余类环 $\mathbf{Z}_4$ 中的全体零因子是_____.

6. 模 10 的剩余类环 $\mathbf{Z}_{10}$ 中的全体零因子是_____.

7. 设 $\mathbf{Z}$ 是整数环,则 $\mathbf{Z}/(3)$ 的元素个数是_____.

8. 剩余类环 $\mathbf{Z}_8$ 的所有逆元为_____.

9. 剩余类环 $\mathbf{Z}_{15}$ 的所有逆元为_____.

10. 在 $\mathbf{Z}_7$ 环中计算 $([6]x+[4])(x^2-[2]x+[5])=$ _____.

11. 在 $\mathbf{Z}_9$ 环中计算 $([5]x+[7]+1)([6]x^2-[3]x+[4])=$ _____.

12. 在整数环 $\mathbf{Z}$ 中,理想 $(42,35)=$ 主理想_____.

13. 设 R 是整数环,理想 $(4,7)=$ 主理想_____.

14. 四元整环的特征是_____.

15. 九元整环的特征是_____.

三、计算题

1. 一个有单位元的环 R 中的可逆元 a 会是一个零因子吗?为什么?

2. 由所有实数 $a+b\sqrt{2}$(a,b 是整数)作成的集合关于普通加法和乘法来说是否构成一个环?整环?域?

3. $F=\{$所有复数 $a+bi \mid a,b \in \mathbf{Q}\}$,那么 F 对普通加法和乘法来说是否构成一个域?

4. $R=\{$所有有理数对 $(a,b)\}$.加法和乘法分别为
$$(a_1,b_1)+(a_2,b_2)=(a_1+a_2,b_1+b_2),$$
$$(a_1,b_1)(a_2,b_2)=(a_1a_2,b_1b_2).$$

R 是否构成一个环?若是,则是否可以交换、有无单位元和零因子?哪些元素有逆元?

5. 代数系统 $(\mathbf{Z},+,\cdot)$ 是否构成一个环?其中,

$$+: a+b=a+b-2 \quad (a,b\in \mathbf{Z}),$$

$$\bullet:\text{普通乘法}.$$

6. 找出 $\mathbf{Z}_5$ 中每一个非零元的逆元.

7. 在 $\mathbf{Z}_6$ 中,求 $x^2-1=0$ 的全部根.

8. 模 4 的剩余类环 $\mathbf{Z}_4$ 上的 2 次多项式 x^2+1 在 $\mathbf{Z}_4$ 内所有根.

9. 设 R 是含有 5 个元素的整环,求 $(a+b)^{26}(a-b)^6$.

10. 一个环的中心是否是一个域?

11. J_3 表示模 3 的剩余类所作成的集合.找出加群 J_3 的所有自同构映射和域 J_3 的所有自同构映射.

12. 在模 4 剩余类环 Z_4 上求解方程组 $\begin{cases} 2x_1+2x_2=2, \\ x_1+2x_2=3. \end{cases}$

13. 在 Z_{12} 中,解线性方程组 $\begin{cases} 3x+5y=6, \\ -2x+y=-1. \end{cases}$

14. 设 R 是模 9 的剩余环,$R[x]$ 中计算乘积

$$([3]x^3+[6]x-[5])([4]x^2-[2]x+[7]).$$

15. 设 R 是模 8 的剩余环,$R[x]$ 中计算乘积

$$([3]x^3+[5]x^{\cdot}-[4])([2]x^2-x+[3]).$$

16. 集合 $S_1=\{3x \mid x\in \mathbf{Z}\}$ 和 $S_2=\{5x \mid x\in \mathbf{Z}\}$ 是整数环的两个子环吗? 并求 $S_1\cap S_2$.

17. 集合 $S=\{a+bi \mid a,b\in \mathbf{Q}\}$ 是复数域 $\mathbf{C}$ 的子环?

18. 找出模 6 的剩余类环 $\mathbf{Z}_6$ 的所有理想.

19. 设 R 是偶数环,那么 $\mathfrak{A}=\{4r(r\in R)\}$ 是不是 R 的一个理想? 等式 $\mathfrak{A}=(4)$ 对不对? 若不对,$\mathfrak{A}$ 是由哪个偶数生产的主理想?

20. 环 R 上的一个一元多项式环 $R[x]$,当 R 是整数环时,$R[x]$ 的主理想 (x) 是不是一个最大理想? 当 R 是有理数域,情形如何?

四、证明题

1. 设 $=\{0,a,b,c\}$,加法和乘法由以下两个表给定:

+	0	a	b	c
0	0	a	b	c
a	a	0	c	b
b	b	c	0	a
c	c	b	a	0

×	0	a	b	c
0	0	0	0	0
a	0	0	0	0
b	0	a	b	c
c	0	a	b	c

证明：R 作成一个环.

2. 证明：二项式定理

$$(a+b)^n = a^n + \begin{bmatrix} n \\ 1 \end{bmatrix} a^{n-1}b + \cdots + b^n$$

在交换环中成立.

3. 设一个环 R 对于加法来说作成一个循环群.证明：R 是交换环.

4. 证明：对于有单位元的环来说加法适合交换律是环定义里其他条件的结果(利用 $(a+b)(1+1)$).

5. 一个至少有两个元而且没有零因子的有限环,则 R 是一个除环.

6. 验证：四元数除环的任意元 $(a+bi, c+di)$,其中 $a, b, c, d \in \mathbf{Z}$,可以写成

$$(a, 0)+(b, 0)(i, 0)+(c, 0)(0, 1)+(d, 0)(0, i)$$

的形式.

7. 设 $F = \{$所有复数 $a+b\sqrt{3} \mid a, b \in \mathbf{Q}\}$,那么 F 对普通加法和乘法来说构成一个域.

8. 设 R 是一个无零因子环,若$|R|$为偶数,则 R 的特征必为 2.

9. 设 F 是一个有 4 个元的域,证明：

(1) F 的特征是 2；

(2) F 中$\neq 0$ 或 1 的两个元适合方程 $x^2 = x+1$.

10. 证明：在一个特征是 p 的交换环里,下列等式成立：

$$(a-b)^p = a^p - b^p \quad (\forall a, b \in R).$$

11. 环 R 的中心 $C(R) = \{c \in R \mid ca = ac, \forall a \in R\}$ 是 R 的一个子环.

12. 环 R 的任意多个子环的交集也是 R 的子环.

13. 设$[a]$是模 n 的一个剩余类.证明：若 a 同 n 互素,那么所有$[a]$的数都同 n 互素.(这时我们称 a 同 n 互素)

证明：所有同 n 互素的模 n 的剩余类对于剩余类的乘法来说作成一个群.(同 n 互素的剩余类的个数普通用符号 $\phi(n)$ 来表示,并且把它叫作尤拉 ϕ 函数)

14. 证明：若是 $(a, n) = 1$,那么 $a^{\phi(n)} \equiv 1(n)$. (费马定理)

15. 证明：有理数域 $\mathbf{Q}$ 是所有复数 $a+bi(a, b$ 是有理数)作成域 $\mathbf{Q}(i)$ 的唯一真子域.

16. 证明：$\mathbf{Q}(i)$ 有而且只有两个同构映射.

17. 设 R 是一个整环,那么 R 上的一元多项式环 $R[x]$ 也是一个整环.

18. 证明：

(1) $R[a_1, a_2] = R[a_2, a_1]$；

(2) 若 $x_1, x_2, \cdots, x_n$ 是 R 上的无关未定元,那么每一个 x_i 都是 R 上的未定元.

19. 证明：

(1) 若是 $x_1, x_2, \cdots, x_n$ 和 $y_1, y_2, \cdots, y_n$ 是 R 上两组无关未定元,那么

$$R[x_1, x_2, \cdots, x_n] \cong R[y_1, y_2, \cdots, y_n]$$

(2) R 上的一元多项式环 $R[x]$ 能与它一个真子环同构.

20. 由两个不同的素数 p 和 q 生成的整数环 $\mathbf{Z}$ 的理想 $(p, q) = (1)$.

21. 两个理想的交集还是一个理想.

22. 设 R 是由所有复数 $a+bi$(a、b 是整数)作成的环,那么

(1) $(1+i)$ 是最大理想;

(2) 环 $R/(1+i)$ 有多少个元?

(3) $R/(1+i)$.

23. 设 R 是全体偶数作成的环,证明:(4) 是 R 的一个最大理想,但 $R/(4)$ 不是一个域.

24. 设 $\mathbf{Z}[x]$ 是整数环上的一元多项环,$(2, x)$ 是 $\mathbf{Z}[x]$ 中由 2 和 x 生成的理想,那么 $\mathbf{Z}[x]/(2, x)$ 是域.

25. 有理数域 F 上的全部矩阵 2×2 环 F_{22},证明:F_{22} 只有平凡理想.

26. 证明:一个域 F 是它自己的商域.

第 *4* 章　整环里的因子分解

在整数环中,有一个重要的定理,就是唯一分解定理,即每一个不等于±1的非零整数可以分解为若干素数的乘积,而且在不考虑因数次序和因数±1差别是情况下,该分解是唯一的.事实上,整数环是一个整环,那这个定理在一般的整数环中是否成立? 这就是这一章我们主要研究的问题.

§1　素元、唯一分解

要在一个整环里讨论因子分解,我们首先需要把整数环中的整数整除以及素数两个概念的推广到一般的整环中去.

整除这个概念很容易把它推广.

设 I 是整环,$a,b \in I$,若 $\exists c \in I$,使得

$$a = bc,$$

则称 b **整除** a,记为 $b \mid a$.这时称 b 是 a 的**因子**;否则,称 b 不能整除 a,记为 $b \nmid a$.

根据定义,$\forall a \in I$,都有 $a \mid 0$,特别地 $0 \mid 0$.

接下来我们把素数这个概念加以推广,为此先需要引入几个新的概念.

整环 I 的一个元 ε 称为 I 的一个**单位**,若 ε 是一个有逆元的元素.

我们要注意单位同单位元的区别.

例 1 整数环 $\mathbf{Z}$ 中的单位只有 ± 1,而数域 F 上的多项式环 $F[x]$ 的单位则为全体非零常数.

例 2 设 $\mathbf{R}[\sqrt{-3}] = \{a+b\sqrt{-3} \mid a,b \in \mathbf{R}\}$, $\mathbf{R}[\sqrt{-3}]$ 显然是一个整环. $\mathbf{R}[\sqrt{-3}]$ 中元素都是复数,利用复数的绝对值我们很容易得到以下事实:

$$\mathbf{R}[\sqrt{-3}] \text{的一个元} \varepsilon \text{是一个单位} \Leftrightarrow |\varepsilon|^2 = 1.$$

所以 $\mathbf{R}[\sqrt{-3}]$ 只有两个单位,就是 ± 1.事实上,设 $\varepsilon = a+b\sqrt{-3}$ 是一个单位,那么 $\exists \varepsilon' \in \mathbf{R}[\sqrt{-3}]$,使得

$$\varepsilon\varepsilon' = 1.$$

两边取模的平方得 $$|\varepsilon|^2 |\varepsilon'|^2 = |1|^2 = 1.$$

但 $|\varepsilon|^2 = a^2 + 3b^2$ 是一个正整数,同样,$|\varepsilon'|^2$ 也是一个正整数,因此有 $|\varepsilon|^2 = 1$.

反过来看,若 $|\varepsilon|^2 = a^2 + 3b^2 = 1$,则

$$b=0, a=\pm 1,$$

所以 $\varepsilon = \pm 1$ 是单位.

一般地,$I = \{a+b\sqrt{-p} \mid a,b \in \mathbf{Z}\}$ 是一个整环,其中 p 是素数,称为**二次数环**,它的单位只有 ± 1.

一个整环至少有两个单位,就是 1 和 -1,在一般情况之下,在一个整环里常有两个以上的单位存在.

一个整环的单位显然有以下性质:

定理 1 两个单位 ε 和 ε' 的乘积 $\varepsilon\varepsilon'$ 也是一个单位.单位 ε 的逆元 ε^{-1} 也是一个单位.

定义3

整环 I 中元素 b 称为元素 a 的**相伴元**,若 $\exists$ 一个单位 ε,使得

$$b = \varepsilon a.$$

由相伴元的定义可知,若元素 b 是元素 a 的相伴元,则元素 a 是元素 b 的相伴元,即 a 与 b 互为相伴元,所以

推论 1 元素 a 与元素 b 相伴 $\Leftrightarrow$ 元素 a 与 b 互相整除.

例 3 设整环 $\mathbf{Z}[\sqrt{-3}] = \{a+b\sqrt{-3} \mid a,b \in \mathbf{Z}\}$, $\mathbf{Z}[\sqrt{-3}]$ 只有 ± 1 两个单位.由相伴元的定义,2 的相伴元只有 2 和 -2.

设 I 是一个整环,对 $\forall$ 单位 $\varepsilon \in I$ 和 $\forall a \in I$,有

$$a = \varepsilon(\varepsilon'a) = \varepsilon'(\varepsilon a).$$

所以一个任意元 a 可以被每一个单位 ε 和 a 的每一个相伴元 εa 所整除.

对 $\forall a \in I$, 每一个单位 ε 和 a 的每一个相伴元 εa 都是 a 的因子, 称为 a 的**平凡因子**; 其余的 a 的因子, 假如还有的话, 称为 a 的**真因子**.

显然, 单位没有真因子.

例 4 整环 $\mathbf{Z}[\sqrt{-3}] = \{a + b\sqrt{-3} \mid a, b \in \mathbf{Z}\}$, 3 在 $\mathbf{Z}[\sqrt{-3}]$ 中的所有真因子是 $\pm\sqrt{3}$. 事实上, 设 $\alpha = a + bi$ 是 3 在 $\mathbf{Z}[\sqrt{-3}]$ 中的任一个真因子, 则存在 $\beta \in \mathbf{Z}[\sqrt{-3}]$, 使得 $3 = a\beta$, $9 = |\alpha|^2 |\beta|^2$, 这只有 $|\alpha|^2 = 1, 3$ 或者 9.

由于 α 是 3 的真因子, 由例 2 知 $\mathbf{R}[\sqrt{-3}]$ 中的单位是 ± 1, 故 $|\alpha|^2 \neq 1$; 又 $|\alpha|^2 \neq 9$, 否则, $|\beta|^2 = 1$, 即 β 是单位, α 与 3 相伴, 这与 3 是 α 的真因子矛盾, 故 $|\alpha|^2 = a^2 + 3b^2 = 3$, 解得 $a = 0$, $b = 1$, 于是 3 的全部真因子共有 2 个, 它们是 $\pm\sqrt{3}$.

我们知道, 整数环上一个素数除了 ± 1 和 $\pm p$ 以外, 没有其他因子. 按照单位的定义, ± 1 都是整数环的单位, $p = 1 \times p$, $-p = (-1)p$ 都是 p 的相伴元, 这就是说, 素数 p 的一个性质是, 它只有平凡因子. 素数 p 还有另外一个性质, 就是 $p \neq 0$ 或 ± 1. 于是根据素数的这些性质有

整环 I 的一个元素 p 称为一个**素元**, 若 p 既不是零元, 也不是单位, 并且 p 只有平凡因子.

例如, 整数环 $\mathbf{Z}$ 中的素数 p 都是 $\mathbf{Z}$ 的素元, 由于 $\mathbf{Z}$ 中的单位只有 ± 1, 素数 p 的相伴元只有 $\pm p$.

定理 2 单位 ε 和素元 p 的乘积 εp 也是一个素元.

证明 由于 $\varepsilon \neq 0$, $p \neq 0$, 而整环没有零因子, 所以 $\varepsilon p \neq 0$. εp 也不是单位, 否则,

$$I = \varepsilon'(\varepsilon p) = (\varepsilon'\varepsilon)p,$$

p 是单位, 与假设矛盾.

设 b 是 εp 的因子, 并且 b 不是单位. 那么

$$\varepsilon p = bc, \quad p = b(\varepsilon^{-1}c).$$

故
$$b \mid p.$$

但 p 是素元, b 不是单位, 因此 b 一定是 p 的相伴元:

$$b = \varepsilon^n p(\varepsilon''\varepsilon^{-1})(\varepsilon p) \quad (\varepsilon'' \text{ 是单位}),$$

即 b 是 εp 的相伴元,由定理 1,$\varepsilon''\varepsilon^{-1}$ 是单位. 这样 εp 只有平凡因子.

定理 3 设 I 一个是整环,$a \neq 0 \in I$,则

$$a \text{ 有真因子} \Leftrightarrow a = bc \quad \text{(其中 } b \text{ 和 } c \text{ 都不是单位)}.$$

证明 若 a 有真因子 b,那么

$$a = bc.$$

显然 b 和 c 都不是单位. 否则,$b = ac^{-1}$,b 是 a 的相伴元,与假设 b 是 a 的真因子矛盾.

反过来,若

$$a = bc,$$

其中 b 和 c 都不是单位. 这时 b 不会是 a 的相伴元,否则 $\exists$ 一个单位 ε,使得 $b = \varepsilon a$,于是 $a = \varepsilon ac$,由消去律 $1 = \varepsilon c$,于是 c 不是单位,与假设矛盾. 这样,b 既不是单位,也不是 a 的相伴元,b 是 a 的真因子.

推论 2 若 $a \neq 0$,并且 a 有真因子 b,满足 $a = bc$,那么 c 也是 a 的真因子.

例 5 设整环 $\mathbf{Z}[\sqrt{-3}] = \{a + b\sqrt{-3} \mid a, b \in \mathbf{Z}\}$,则适合条件 $|\alpha|^2 = 4$ 的 $\mathbf{Z}[\sqrt{-3}]$ 的元素 α 一定是素元. 因为,由 $|\alpha|^2 = 4$,$\alpha \neq 0$,那么 α 也不是单位. 设 $\beta = a + b\sqrt{-3}$ 是 α 的因子,则 $\alpha = \beta\gamma$,有

$$|\alpha|^2 = 4 = |\beta|^2 |\gamma|^2,$$

那么 $|\beta|^2 = 1, 2, 4$. 但不管 a、b 是什么整数,$|\beta|^2 = a^2 + 3b^2 \neq 2$,因此

$$|\beta|^2 = 1 \text{ 或 } 4.$$

若 $|\beta|^2 = 1$,则 β 是单位. 若 $|\beta|^2 = 4$,那么 $|\gamma|^2 = 1$,γ 是单位,因而

$$\beta = \gamma^{-1}\alpha,$$

β 是 α 的相伴元. 这样 α 只有平凡因子,所以 α 是素元.

我们现在看一看,在什么情况下可以说,一个元素 a 可以唯一的分解成素元的乘积. 首先我们必须要求,a 可以分解成有限个素元的乘积,即

$$a = p_1 p_2 \cdots p_n \quad (P_i \text{ 是素元}).$$

而若 a 能够写成以上的乘积,也就能够写成以下的素元的乘积:

$$a = p_2 p_1 \cdots p_n,$$

$$a = (\varepsilon P_1)(\varepsilon^{-1} P_2) \cdots P_n \quad (\varepsilon \text{ 任意单位}).$$

如果我们把元素 a 的以上几种分解看作不一样的,那么这个元素 a 的分解就不唯一,这样

我们的问题就没有多大意义了,因此

设 I 是一个整环,$a \in I$,称 a 在 I 里有**唯一分解**,若以下条件能被满足:

(i) a 有一个因子分解

$$a = p_1 p_2 \cdots p_n \quad (P_i \text{ 是 } I \text{ 的素元}),$$

(ii) 若 a 同时还有一个因子分解

$$a = q_1 q_2 \cdots q_m \quad (q_i \text{ 是 } I \text{ 的素元}),$$

那么
$$n = m.$$
并且我们可以把 q_i 的次序调掉一下,使得

$$q_i = \varepsilon_i p_i \quad (\varepsilon_i \text{ 是 } I \text{ 的单位}).$$

注 一个整环的零元和单位一定不能唯一地分解,所以唯一分解的研究对象只能是既不等于 0 也不是单位的元.因为零元和单位都不满足定义 6 中的条件(i).若零可以写成若干个元素的乘积,即

$$0 = a_1 a_2 \cdots a_n,$$

那么某一个 p_i 一定是 0,但 0 不是素元.

若一个单位 ε 写成若干个元素的乘积,即

$$\varepsilon = a_1 a_2 \cdots a_n,$$

那么
$$1 = \varepsilon^{-1} \varepsilon = \varepsilon^{-1} a_1 a_2 \cdots a_n = a_1 (\varepsilon^{-1} a_2 \cdots a_n).$$
这说明 a_1 是一个单位,但单位不是素元.

例如,在整数环中讨论一个整数 a 的唯一分解问题,显然这个 $a \neq 0$,$a \neq \pm 1$.

那么一个整环的任一非零非单位的元是不是都有唯一分解呢?下例告诉我们不是的.

例 6 设整环 $\mathbf{Z}[\sqrt{-3}] = \{a + b\sqrt{-3} \mid a, b \in \mathbf{Z}\}$,则 4 在 $\mathbf{Z}[\sqrt{-3}]$ 中不能唯一分解.因为,显然

$$4 = 2 \cdot 2 = (1 + \sqrt{-3})(1 - \sqrt{-3}), \tag{1}$$

又
$$|2|^2 = 4, \quad |1 + \sqrt{-3}|^2 = 4, \quad |1 - \sqrt{-3}|^2 = 4,$$
由例 4 知,2,$1 + \sqrt{-3}$ 和 $1 - \sqrt{-3}$ 都是 $\mathbf{Z}[\sqrt{-3}]$ 的素元.这就是说,(1)式表示 4 在 $\mathbf{Z}[\sqrt{-3}]$ 里的两种分解.但由例 3,$1 + \sqrt{-3}$,$1 - \sqrt{-3}$ 都不是 2 的相伴元,由定义 6,以上两种分解不同.这样,4 在 $\mathbf{Z}[\sqrt{-3}]$ 里有两种不同的分解.

§2 唯一分解环

通过上一节的例 5 我们知道,在一个整环里并不是每一个非零非单位的元素都有唯一分解.但是我们也知道,在有些整环里,比方说整数环里,这个定理是成立的.

定义1

一个整环 I 称为一个**唯一分解环**,若 I 的每一个非零非单位的元素都有唯一分解.

例如,整数环 $\mathbf{Z}$ 和数域上 F 的多项式环 $F[x]$ 都是唯一分解环;而整环 $\mathbf{Z}[\sqrt{-3}]$ 不是唯一分解环.

在这一节里我们先看一看,一个唯一分解环有些什么重要性质.

定理1 一个唯一分解环有以下性质:

(iii)若一个素元 p 能够整除 ab,那么 P 能够整除 a 或 b.

证明 若 p 能整除 ab,那一定 $\exists c \in I$,使得

$$ab = pc.$$

假设 a 和 b 都是非零非单位的元素,这时显然 $c \neq 0$.并且 c 也不是一个单位.否则,由 §1 定理 2,pc 是素元.这就是说,素元 pc 可以写成两个非单位的乘积,因而有真因子 a 和 b,矛盾,故 c 既不是零又不是单位,由唯一分解环的定义,有

$$c = p_1 p_2 \cdots p_n \quad (p_i \text{ 是素元}).$$

另一方面

$$a = q_1 q_2 \cdots q_m, \quad b = q_1' q_2' \cdots q_s' \quad (q_i \text{、} q_i' \text{是素元}),$$

所以 $\qquad q_1 q_2 \cdots q_m q_1' q_2' \cdots q_s' = ab = pc = pp_1 p_2 \cdots p_n.$

由唯一分解的定义,p 一定是某一个 q_i 或某一个 q_i 的相伴元.若 p 是某一个 q_i 的相伴元,那么

$$p\varepsilon'' = q_i \quad (\varepsilon'' \text{ 是单位}),$$

$$a = q_1 q_2 \cdots q_{i-1}(p\varepsilon'')q_{i+1} \cdots q_m,$$

于是 $\qquad\qquad\qquad p \mid a.$

同样,若 p 是某一个 q_i' 的相伴元,那么 $p \mid b$.这样 p 的却能够整除 a、b 中的一个.

当 a、b 之中有一个是零或是单位的时候,定理成立.若 $a = 0$,那么 $p \mid a$.若 a 是单位,那么

$$b = p(ca^{-1}),$$

于是 $$p \mid b.$$

性质(iii)的重要性通过以下定理可以看出.

定理 2 设 I 是一个整环,且具有以下性质:

(i) I 的每一个非零非单位的元 a 都有一个分解

$$a = p_1 p_2 \cdots p_n \quad (p_i \text{ 是 } I \text{ 的素元});$$

(iii) I 的一个素元 p 若能整除 ab,那么 p 能整除 a 或 b.

这样 I 一定是一个唯一分解环.

证明 设一个非零非单位 $a \in I$,由性质(i),a 有一个分解,即

$$a = p_1 p_2 \cdots p_n \quad (p_i \text{ 是 } I \text{ 的素元}).$$

接下来证明,a 的分解是唯一的.若我们还有一个 a 的分解

$$a = q_1 q_2 \cdots q_m \quad (q_i \text{ 是 } I \text{ 的素元}),$$

那么 $n = m$,并且我们可以把这些 q 的次序调换一下,使得 q_i 是 p_i 的相伴元.

我们用归纳法来证明这一点.

当 $n = 1$ 时,a 显然有唯一分解,这时

$$a = p_1 = q_1 q_2 \cdots q_m \quad (q_i \text{ 是 } I \text{ 的素元}).$$

若 $m \neq 1$,那么

$$p_1 = q_1 (q_2 \cdots q_m),$$

其中 q_1 不是单位,而 $q_2 \cdots q_m$ 作为素元的乘积也不是单位.这就是说,素元 p 可以写成两个非单位的乘积,矛盾.所以 $n = 1 = m$,$p_1 = q_1$.

现在假设结论对 $n-1$ 成立.当 $a = p_1 p_2 \cdots p_n = q_1 q_2 \cdots q_m$ 时,由性质(iii),p_1 能够整除某一个 q_i;由于 q_i 的次序可以换一换,不妨设 $p_1 \mid q_1$,而 q_1 是素元,p_1 不是单位,所以 $\exists$ 单位 $\varepsilon \in I$,使得 $p_1 = \varepsilon q_1$,于是 $q_1 = \varepsilon^{-1} p_1$.这样,

$$\varepsilon q_1 p_2 \cdots p_n = q_1 q_2 \cdots q_m.$$

消去 p_1,得 $$\varepsilon p_2 \cdots p_n = q_2 \cdots q_m.$$

这就是 $n-1$ 个素元的乘积,由归纳假设,有 $n-1 = m-1$.而且我们可以把 q_i 的次序交换一下,使得

$$q_2 = \varepsilon_2' (\varepsilon p_2), \quad q_3 = \varepsilon_3' p_3, \quad \cdots, \quad q_n = \varepsilon_n' p_n \quad (\varepsilon_i' \text{ 是单位}).$$

这样我们得到 $$n = m,$$

$$q_1 = \varepsilon^{-1} p_1, \quad q_2 = (\varepsilon_2' \varepsilon) p_2, \quad q_3 = \varepsilon_3' p_3, \quad \cdots, \quad q_n = \varepsilon_n' p_n.$$

由定理 1,2,我们也可以用条件(i),(iii)来作唯一分解环的定义.

唯一分解环的另一个重要性质就是整数环中最大公因子的概念和一些性质的推广.

定义2

在唯一分解环 I 中,元素 c 称为元素 a_1, a_2, $\cdots$, a_n 的**公因子**,若 c 能够同时整除 a_1, a_2, $\cdots$, a_n.

元素 a_1, a_2, $\cdots$, a_n 的一个公因子 d 称为 a_1, a_2, $\cdots$, a_n 的**最大公因子**,若 d 能够被 a_1, a_2, $\cdots$, a_n 的每一个公因子 c 整除.

例 整环 $I=\{a+b\sqrt{-5} \mid a, b\in \mathbf{Z}\}$,取

$$\alpha=3(2+\sqrt{-5}), \quad \beta=(1+\sqrt{-5})(2-\sqrt{-5})=9,$$

则 $2+\sqrt{-5}$ 是 α、β 的一个公因子,3 也是 α、β 的一个公因子.由于 $3\nmid 2-\sqrt{-5}$,故 $3(2+\sqrt{-5})$ 不是 α、β 的公因子.如果 α、β 存在最大公因子,只能是 3 或 $2+\sqrt{-5}$,但是 $3\nmid 2-\sqrt{-5}$,且 $2-\sqrt{-5}\nmid 3$,因此 α、β 不存在最大公因子.

这说明,并不是每一个整环中的两个元素都存在最大公因子.事实上,只有唯一分解环才存在最大公因子.

定理3 一个唯一分解环 I 的两个元 a 和 b 在 I 里一定由最大公因子. a 和 b 的两个最大公因子 d 和 d' 只能差一个单位因子,即 $d'=\varepsilon d(\varepsilon$ 是单位).

证明 先证明存在性.若 a、d 之中有一个是零,比如 $a=0$,那么说 b 显然是一个最大公因子;若 a、d 之中有一个是单位,比如 a 是单位,那么 a 显然是最大公因子.

下面考虑 a 和 b 都不是零也都不是单位的情形,这时设

$$a=q_1q_2\cdots q_r, \quad b=q_1'q_2'\cdots q_s' \quad (q_i, q_i' \text{是} I \text{的素元}),$$

$q_1q_2\cdots q_r$ 与 $q_1'q_2'\cdots q_s'$ 这 $r+s$ 个元中间的某一个可能是其他一个相伴元,假设在这 $r+s$ 个元中间有 n 个互相不是相伴元,而其他的元都是这 n 个元中的某一个的相伴元,把这 n 个元记为 p_1, p_2, $\cdots$, p_n,那么

$$a=\varepsilon_a p_1^{h_1} p_2^{h_2}\cdots p_n^{h_n} \quad (\varepsilon_a \text{是单位}, h_i\geqslant 0),$$
$$b=\varepsilon_b p_1^{k_1} p_2^{k_2}\cdots p_n^{k_n} \quad (\varepsilon_b \text{是单位}, k_i\geqslant 0).$$

记 $l_i=\min\{h_i, k_i\}$,作 $d=p_1^{l_1} p_2^{l_2}\cdots p_n^{l_n}$,那么显然 $d\mid a$, $d\mid b$,即 d 是 a 和 b 的公因子.假设 c 也是 a 和 b 的公因子.若 c 是单位,c 当然能够整除 d.若是 c 不是单位,则有 $c=p_1'p_2'\cdots p_t'$ (p_i'是 I 的素元).由于 $c\mid a$,每一个 $p_i'\mid a$,于是由于性质(iii),p_i' 能整除某一 p_j,从而 p_i' 是 p_j 的相伴元,所以

$$c=\varepsilon_c p_1^{m_1} p_2^{m_2}\cdots p_n^{m_n} \quad (\varepsilon_c \text{是单位}, m_i\geqslant 0).$$

因为 $c \mid a$,且 p_i 和 p_j 互相不是相伴元,因此 $m_i \leqslant k_i$,同理,又 $c \mid b$,可得 $m_i \leqslant h_i$,就是说,$m_i \leqslant l_i$,$c \mid d$,这样我们证明最大因子 d 的存在.

再证明唯一性.设 d' 也是 a 和 b 的最大公因子,那么 $d \mid d'$,$d' \mid d$.于是有

$$d' = ud, \quad d = vd', \quad d' = uvd',$$

这样,若 $d = 0$,则 $d' = ud = 0$,即 $d = d'$.

若 $d' \neq 0$,由 $d' = uvd'$,得 $1 = uv$,u 是一个单位,从而 d 与 d' 相伴.

从这个定理应用归纳法立刻可以得到:

推论　一个唯一分解环 I 的 n 个元 a_1,a_2,$\cdots$,a_n 在 I 中一定有最大公因子,a_1,a_2,$\cdots$,a_n 的两个最大公因子只能差一个单位因子.

这样,若是几个元的某一个最大公因子是一个单位,这几个元素的任何一个最大公因子也是一个单位.利用这一件事实,我们可以在一个唯一分解环中定义互素的概念.

定义3

设 I 是唯一分解环,若 a_1,a_2,$\cdots$,a_n 的最大公因子是单位,则称 a_1,a_2,$\cdots$,a_n **互素**,记为 $(a_1, a_2, \cdots, a_n) = 1$.

显然,这样定义的互素概念正是普通互素概念的推广.

§3　主理想环

要知道一个整环是不是一个唯一分解环不是一件容易的事情,因为要验证唯一分解定义中的条件(i),(ii);或是 §2 定理 2 中的条件(i),(iii)能否被满足,一般是非常困难的.以下我们要认识几种特殊的唯一分解环,使我们在解决以上问题时可以有一点帮助.

第一种是主理想环.

定义

一个整环 I 称为一个**主理想环**,若 I 的每一个理想都是一个主理想.

即,若环 I 是一个主理想整环,这时 I 中每个理想 $\mathfrak{A} = (a) = \{ar \mid r \in I\}$.

例　整数环是一个主理想环.事实上,设 $\mathfrak{A}$ 是 I 的任意一个理想,只需证明 $\mathfrak{A}$ 是一个主理想.

当 $\mathfrak{A} = \{0\}$ 时,显然 $\mathfrak{A}$ 是一个主理想,即 $\mathfrak{A} = (0)$;

当 $\mathfrak{A} \neq 0$ 时,$\mathfrak{A}$ 一定包含一个非零整数 a,同时包含 $-a$,则

$$a \text{ 和 } -a \text{ 中必有一个是正整数.}$$

在 $\mathfrak{A}$ 所包含的正整数中必有一个是最小的,不妨设 a 就是此最小的正整数,我们断言

$$\mathfrak{A} = (a).$$

这是因为 $\mathfrak{A}$ 是理想,显然有

$$(a) \subseteq \mathfrak{A}.$$

另一方面,对 $\forall b \in \mathfrak{A}$,由带余除法知,存在整数 b、r,使得

$$b = aq + r, \ 0 \leqslant r < a.$$

由于 $b \in \mathfrak{A}$,$aq \in \mathfrak{A}$,因而

$$r \in \mathfrak{A}.$$

再由 a 是 $\mathfrak{A}$ 中最小的正整数知,必有 $r = 0$. 于是

$$b = aq,$$

即

$$b \in (a),$$

则有

$$\mathfrak{A} \subseteq (a),$$

从而

$$\mathfrak{A} = (a).$$

综上所述,整数环 $\mathbf{Z}$ 是一个主理想整环.

事实上,一个主理想环一定是一个唯一分解环.为证明这一点,我们需要两个引理.

引理 1 设 I 是一个主理想环.若序列

$$a_1, a_2, a_3, \cdots \quad (a_i \in I, \ i = 1, 2, 3, \cdots)$$

中的每一个元素是前面一个元素的真因子,那么这个序列一定是有限序列.

证明 作主理想

$$(a_1), (a_2), (a_3), \cdots,$$

由于 a_{i+1} 是 a_i 的因子,显然

$$(a_1) \subset (a_2) \subset (a_3) \subset \cdots,$$

作这些理想的并集 $S = (a_1) \bigcup (a_2) \bigcup (a_3) \bigcup \cdots$,这时 S 是 I 的一个理想.显然 $S \neq \varnothing$,并且 $\forall a, b \in S$,存在 i, j,使得 $a \in (a_i)$,$b \in (a_j)$,不妨设 $i \leqslant j$,那么 $(a_i) \subset (a_j)$,故 $a - b \in (a_j) \subset S$;同理可证,$\forall a \in S$,$r \in I$,有 $ra \in S$.

由于 I 是主理想环,S 一定是由 I 中一个元素 d 生成的一个主理想,即 $S = (d)$.于是 $d \in S = \bigcup (a_k)$,所以 d 属于某一个 (a_n).可以证明,这个 a_n 一定是我们的序列里的最后一元.否则,设 a_n 后面还有一个元素 a_{n+1},由于

$$d \in (a_n), \ a_{n+1} \in S = \bigcup (a_k),$$

可以得到
$$a_n \mid d, \quad d \mid a_{n+1},$$
于是
$$a_n \mid a_{n+1}.$$
由假设得
$$a_n \mid a_{n+1},$$
因而元素 a_n 与元素 a_{n+1} 相伴,这与 a_{n+1} 是 a_n 的真因子的假设矛盾.

引理 2 设 I 是一个主理想环,那么 I 的一个素元 p 生成一个最大理想 (p).

证明 因为 p 是 I 的素元,则 p 不是单位,于是 $(p) \neq I$. 设 $\mathfrak{A}$ 是一个理想,且 $(p) \subset \mathfrak{A}$. 由于 I 是主理想环,那么 $\exists a \in I$,使得 $\mathfrak{A} = (a)$,于是有
$$(p) \subset (a).$$
因而有
$$p = ra \quad (r \in I),$$
即 a 是 p 的因子,但 p 是素元,所以 a 是 p 的相伴元,或者 a 是单位.如果 a 是 p 的相伴元,即 $a = \varepsilon p$,那么 $a \in (p)$,显然有 $(a) \subset (p)$,这与 $(p) \subset \mathfrak{A}$ 矛盾;所以 a 只能是单位,于是 $aa^{-1} = 1$,故
$$1 \in (a) = A,$$
即 $\mathfrak{A} = I$,所以 (p) 是 I 的最大理想.

定理 一个主理想环 I 是一个唯一分解环.

证明 我们证明 I 满足 §2,定理 2 里的条件 (i),(iii).

首先,设 a 是 I 中一个非零非单位的元素.若 a 不能写成有限个素元的乘积,那么 a 不是一个素元,所以有
$$a = bc,$$
其中 b 和 c 都是 a 的真因子.并且 a 的这两个真因子之中至少有一个不能写成素元的乘积,否则,a 就可以写成素元的乘积,与假设矛盾.设 b 不能写成有限个素元的乘积,延续上面的方法可以得到一个无限序列
$$a, a_1, a_2, a_3, \cdots,$$
在这个序列里每一个元素是前面一个元素的真因子,这与引理 1 矛盾,所以 a 一定有分解.

其次,设 I 的一个素元 p 能够整除 ab,那么
$$ab = rp \in (p),$$
于是
$$ab \equiv 0(p).$$
这就是说在剩余类环 $I/(p)$ 中,有
$$[ab] = [0] = [a][b].$$

由引理 2,(p) 是最大理想,所以 $I/(p)$ 是一个域.因为域没有零因子,因此

$$[a] = 0 \text{ 或 } [b] = 0,$$

即

$$a \equiv 0(p) \text{ 或 } b \equiv 0(p).$$

从而

$$a \in (p) \text{ 或 } b \in (p),$$

于是 $p \mid a$ 或 $p \mid b$.

注意 定理 1 的逆命题不成立,即一个唯一分解环未必是一个主理想环.例如,$I[x]$ 不是主理想环,但是它是唯一分解环.

§4 欧 氏 环

我们要认识的第二种唯一分解环就是欧氏环.

定义1

一个整环 I 称为一个**欧氏环**,若

(1) 存在一个从 $I^* = I \backslash \{0\}$ 到非负整数集的映射 ϕ;

(2) 取定 $a \in I^*$,对 $\forall b \in I$,$\exists q, r \in I$,使得

$$b = qa + r,$$

这里 $r = 0$,或是 $\phi(r) < \phi(a)$.

例 1 整数环是一个欧式环.因为

$$\phi: a \rightarrow |a| = \phi(a) \quad (|a| \text{ 表示整数 } a \text{ 的绝对值})$$

是一个适合定义 1(1) 的映射.给了整数 $a \neq 0$,任何整数 b 是可以写成

$$b = qa + r$$

的形式,这里 $= 0$ 或 $\phi(r) = |r| < |a| = \phi(a)$.

例 2 Gauss 整数环

$$\mathbf{Z}[i] = \{a + bi \mid a, b \in \mathbf{Z}\}$$

是一个欧式环.

证明 显然 $\mathbf{Z}[i]$ 是复数域 $\mathbf{C}$ 的一个子环,且 $1 \in \mathbf{Z}[i]$,于是 $\mathbf{Z}[i]$ 是一个整环.令

$$\phi: \quad \mathbf{Z}[i]^* \rightarrow \mathbf{N} \cup \{0\},$$

$$a \rightarrow |a^2|,$$

其中 $|a|$ 是 a 的模,则 ϕ 是一个 $\mathbf{Z}[i]^*$ 到 $\mathbf{N}\bigcup\{0\}$ 的映射.

下面证明:$\forall a\in\mathbf{Z}[i]^*$,$b\in\mathbf{Z}[i]$,$\exists q$,$r\in\mathbf{Z}[i]$,使

$$b=aq+r,r=0 \text{ 或 } \phi(r)<\phi(a).$$

设 $a^{-1}b=u+vi$,其中 u,$v\in\mathbf{Q}$. 现取 u'、v' 分别是与 u、v 最接近的整数,令

$$k=u-u',\ h=v-v',$$

则

$$|k|=|u-u'|\leqslant\frac{1}{2},\ |h|=|v-v'|\leqslant\frac{1}{2}.$$

于是

$$b=a(u+vi)=a[(u'+k)+(v'+h)i]=(u'+v'i)+a(k+hi)=aq+r,$$

其中 $q=u'+v'i\in\mathbf{Z}[i]$,$r=a(k+hi)$.因为 $r=b-aq$,所以 $r\in\mathbf{Z}[i]$.若 $r\neq0$,则

$$\phi(r)=|r|^2=|a|^2|k+hi|^2$$

$$=|a|^2(k^2+h^2)\leqslant|a|^2\left(\frac{1}{4}+\frac{1}{4}\right)$$

$$=\frac{1}{2}\phi(a)<\phi(a).$$

因此 $\mathbf{Z}[i]$ 是欧氏环.

定理 1　任何欧氏环 I 一定是一个主理想环,因而一定是一个唯一分解环.

证明　设 $\mathfrak{A}$ 是 I 的任意一个理想.若 $\mathfrak{A}=\{0\}$,那么 $\mathfrak{A}=0$,$\mathfrak{A}$ 是一个主理想.

若 $\mathfrak{A}$ 包含非零元,由 I 是欧氏环,存在一个从 $I^*=I\backslash\{0\}$ 到非负整数集的映射 ϕ,这样,对 $\forall x\neq0\in\mathfrak{A}$,都有一个非负整数的象 $\phi(x)$,在这些 $\phi(x)$ 之中一定有一个最小的,设为 $\phi(a)$,有 $\phi(a)\leqslant\phi(x)$.由欧氏环的定义,$\mathfrak{A}$ 的每一个元 b 都可以写成

$$b=qa+r$$

的形式,这里,

$$r=0,\text{或 }\phi(r)<\phi(a).$$

因为 a 和 b 都属于 $\mathfrak{A}$,所以

$$r=b-qa\in\mathfrak{A}.$$

若 $r\neq0$,则 $\mathfrak{A}$ 有一个不等于零的元 r,满足

$$\phi(r)<\phi(a),$$

这与 $\phi(a)$ 最小矛盾,故 $r=0$,这时,

$$b=qa,$$

所以 $\mathfrak{A}=(a)$.

通过例 1 和这个定理我们立刻有:

定理 2 整数环是一个主理想环,因而是一个唯一分解环.

另一种常见的欧氏环就是一个域上的多项式环.

引理 设 $I[x]$ 是整环 I 上的一元多项式环,$I[x]$ 的元

$$g(x) = a_n x^n + a_{n-1} x^{n-1} + \cdots + a_0$$

的最高系数 a_n 是 I 的一个单位,那么 $I[x]$ 的任意多项式 $f(x)$ 都可以写成

$$f(x) = q(x)g(x) + r(x) \quad (q(x), r(x) \in I[x])$$

的形式,这里或是 $r(x) = 0$ 或是 $r(x)$ 的次数小于 $g(x)$ 的次数 n.

证明 若 $f(x) = 0$ 或是 $f(x)$ 的次数小于 n,这时只需取 $q(x) = 0$,$r(x) = f(x)$ 就行了;若 $f(x) = b_m x^m + b_{m-1} x^{m-1} + \cdots + b_0 (m \geq n)$,取 $q_1(x) = a_n^{-1} b_m x^{m-n}$,那么

$$
\begin{aligned}
f(x) - q_1(x)g(x) &= b_m x^m + b_{m-1} x^{m-1} + \cdots + b_0 - (b_m x^m + a_n^{-1} b_m a_{m-1} x^{m-1} + \cdots) \\
&= f_1(x),
\end{aligned}
$$

这时 $f_1(x) = 0$ 或 $f_1(x)$ 的次数小于 m.

若 $f_1(x) = 0$ 或是 $f(x)$ 的次数小于 n,这时只需取 $q(x) = 0$,$r(x) = f(x)$ 就行了;若 $f_1(x)$ 的次数仍大于 n,那么用同样的方法我们可以得到

$$f_1(x) - q_2(x)g(x) = f(x) - [q_1(x) + q_2(x)]g(x) = f_2(x),$$

这时 $f_2(x) = 0$ 或是 $f_2(x)$ 的次数小于 $m-1$.这样一直下去,我们总可以得到

$$f(x) = [q_1(x) + q_2(x) + \cdots + q_i(x)]g(x) + f_i(x),$$

这时 $f_i(x) = 0$ 或是 $f_i(x)$ 的次数小于 n.

由这个引理我们很容易证明:

定理 3 一个域 F 上的一元多项式环 $F[x]$ 是一个欧氏环.

证明 利用多项式的次数显然可以规定一个满足欧氏环定义条件(i)的映射,即

$$\phi: f(x) \mapsto f(x) \text{ 的次数}.$$

若 $g(x) \neq \in F[x]$,那么 $g(x)$ 的最高系数 $a_n \neq 0$,但 $a_n \in F$,而域的每一个非零元都是一个单位,所以由引理 1,每一个 $F[x]$ 的 $f(x)$ 都可以写成

$$f(x) = q(x)g(x) + r(x)$$

的形式,这里 $r(x) = 0$ 或是 $\deg(r(x)) < \deg(g(x))$.

注意 定理 1 的逆命题不成立,即一个主理想环也未必是一个欧氏环,**例如**,整环

$$I = \left\{ \frac{a + b\sqrt{-19}}{2} \,\middle|\, a, b \in \mathbf{Z}, a \equiv b(2) \right\}$$

是主理想环,但不是欧氏环.其证明可以参看:

Motzkin, The Euclidean algorithm, Bull. Amer. Math. Soc. 55, pp. 1142 - 1146, (1949).

§5　多项式环的因子分解

我们已经看到，一个域 F 上的一元多项式 $F[x]$ 是唯一分解环，多项式环的因子分解在代数里占一个特别重要的地位，我们在这一节里要专门把这个问题讨论一下，将要得到一个重要结果：一个唯一分解环 I 上的多元多项式环 $I[x_1, x_2, \cdots, x_n]$ 也是唯一分解环.

以下我们依照普通习惯，把一个素多项式叫做不可约多项式，把一个有真因子的多项式叫做可约多项式.

我们先讨论唯一分解环 I 上的一元多项式 $I[x]$.

首先，设 I 是唯一分解环，I 的单位是 $I[x]$ 的单位；$I[x]$ 的单位是 I 的单位.

证明　显然 I 的单位都是 $I[x]$ 的单位；另一方面，若 $f(x)$ 是 $I[x]$ 的单位，那么

$$f(x)g(x) = 1 \, (g(x) \in I[x]).$$

由多项式的乘法定义，有 $\deg(f(x)) = \deg(g(x)) = 0$，即 $f(x), g(x) \in I$，故 $f(x)$ 是 I 的单位.

其次，设

$$f(x) = a_n x^n + a_{n-1} x^{n-1} + \cdots + a_1 x + a_0$$

是 $I[x]$ 的一个多项式，那么由于 I 是唯一分解环，$f(x)$ 的系数 $a_0, a_1, \cdots, a_n$ 在 I 中有最大公因子.

定义

$I[x]$ 的一个元 $f(x)$ 称为一个**本原多项式**，若 $f(x)$ 的系数的最大公因子是单位.

根据这个定义，可以得出本原多项式的许多重要性质.

性质

(1) 一个本原多项式不会等于零.

(2) 零次多项式 $f(x)$ 是本原多项式 $\Leftrightarrow f(x)$ 是单位.

(3) 若本原多项式 $f(x)$ 可约，那么

$$f(x) = g(x)h(x)$$

这里 $0 < \deg(g(x)), \deg(h(x)) < \deg(f(x))$.

证明

(1) 因为 0 不是单位，所以零多项式不是本原多项式.

(2) 由定义 1 可以直接得到.

(3) 若 $f(x)$ 可约，则 $f(x) \neq 0$，且由 §1 定理 3，得

$$f(x) = g(x)h(x),$$

其中 $g(x)$，$h(x)$ 都不是 $I[x]$ 的单位.

若 $\deg(g(x)) = 0$，即

$$g(x) = a \in I,$$

则 a 为 $f(x)$ 系数的一个公因子. 但是 $f(x)$ 是本原多项式, 于是 a 是 I 的单位, 也是 $I[x]$ 的单位, 这与 $g(x)$ 不是 $I[x]$ 的单位矛盾, 因此

$$\deg(g(x)) > 0.$$

同理，$$\deg(h(x)) > 0.$$

再由 $\deg(f(x)) = \deg(g(x)) + \deg(h(x))$，得

$$0 < \deg(g(x)),\ \deg(h(x)) < \deg(f(x)).$$

本原多项式在我们的讨论里占一个很重要的地位, 下面我们证明重要的一条引理:

引理 1 (高斯引理) 在唯一分解环上 I 的一元多项式环 $I[x]$ 中, 设 $f(x) = g(x)h(x)$，那么

$$f(x) \text{ 是本原多项式} \Leftrightarrow g(x) \text{ 和 } h(x) \text{ 都是本原多项式}.$$

证明 必要性: 若 $f(x)$ 是本原多项式, 显然 $g(x)$ 和 $h(x)$ 也都是本原多项式.

充分性: 设

$$g(x) = a_0 + a_1 x + \cdots,$$
$$h(x) = b_0 + b_1 x + \cdots$$

是两个本原多项式, 假设

$$f(x) = g(x)h(x) = c_0 + c_1 + \cdots$$

不是本原多项式. 由性质 (1), 有

$$g(x) \neq 0, h(x) \neq 0,$$

故 $$f(x) \neq 0.$$

那么 $$c_0, c_1, c_2, \cdots \text{ 有一个最大公因子 } d,$$

其中 d 不是 I 的单位. 且因 $f(x) \neq 0$，故 $d \neq 0$. 由于 I 是唯一分解环, 则 $\exists$ 素元 $p \in I$，满足 $p \mid d$，因而

$$p \mid c_k \quad (k = 1, 2, \cdots, m+n),$$

但因 $f(x)$、$g(x)$ 是本原的, 所以 p 不能整除所有的 a_i、b_j. 现设 a_r 和 b_s 分别是 $g(x)$ 和 $h(x)$ 的系数中第一个不能被 p 整除的, $f(x)$ 的系数 c_{r+s} 可以写成以下形式:

$$c_{r+s} = a_0 b_{r+s} + a_1 b_{r+s-1} + \cdots + a_{r-1}b_{s+1} + a_r b_s + a_{r+1}b_{s-1} + \cdots + a_{r+s}b_0,$$

因为除了 $a_r b_s$ 以外的每项都能被 p 整除,所以 $p \mid a_r b_s$. 再由 I 是唯一分解环,有

$$p \mid a_r, \text{或} p \mid b_s,$$

这与假设矛盾,故 $f(x)$ 必须是本原多项式.

现在我们用 I 的商域 Q 来作 Q 上的一元多项式环 $Q[x]$,那么 $I[x] \subseteq Q[x]$. 我们知道 $Q[x]$ 是唯一分解环,现在利用这一事实来证明 $I[x]$ 也是唯一分解环.

引理 2　对 $\forall f(x) \in Q[x]$,则

$$f(x) = \left\{ \frac{b}{a} f_0(x) \,\middle|\, a, b \in I, f_0(x) \text{ 是 } I[x] \text{ 的本原多项式} \right\},$$

若 $g_0(x)$ 也有 $f_0(x)$ 的性质,那么

$$g_0(x) = \varepsilon f_0(x) \quad (\varepsilon \text{ 是 } I \text{ 的单位}).$$

证明　因为 $Q = \left\{ \dfrac{b}{a} \,\middle|\, a, b \in I, a \neq 0 \right\}$,因此

$$f(x) = \frac{b_0}{a_0} + \frac{b_1}{a_1}x + \cdots + \frac{b_n}{a_n}x^n \quad (a_i, b_i \in I).$$

令 $a = a_0 a_1 \cdots a_n$,那么

$$f(x) = \frac{1}{a}(c_0 + c_1 x + \cdots + c_n x^n) \quad (c_i \in I).$$

令 b 是 $c_0, c_1, \cdots, c_n$ 的一个最大公因子,那么

$$f(x) = \frac{b}{a} g_0(x).$$

这时 $f_0(x)$ 是本原多项式. 假设还有

$$f(x) = \frac{d}{c} g_0(x),$$

其中 $c, d \in I$, $g_0(x) \in I[x]$ 的本原多项式. 那么

$$h(x) = bc f_0(x) = ad g_0(x)$$

是 $I[x]$ 的一个多项式. 由于 $f_0(x)$ 和 $g_0(x)$ 都是本原多项式,bc 和 ad 一定都是 $h(x)$ 的系数的最大公因子,因而

$$bc = \varepsilon ad,$$

其中 ε 是 I 的单位.所以

$$\varepsilon f_0(x) = g_0(x).$$

引理 3 设 $f_0(x)$ 是 $I[x]$ 的一个本原多项式,那么

$$f_0(x) \text{ 在 } I[x] \text{ 中可约} \Leftrightarrow f_0(x) \text{ 在 } Q[x] \text{ 中可约}.$$

证明 先假设 $f_0(x)$ 在 $Q[x]$ 中可约,因为 $f_0(x)$ 显然也是 $Q[x]$ 的本原多项式,由性质 3,有

$$f_0(x) = g(x)h(x),$$

其中 $g(x)$ 和 $h(x)$ 都属于 $Q[x]$,并且它们的次数都大于零.由引理 2,有

$$f_0(x) = \frac{b}{a}g_0(x)\frac{b'}{a'}h_0(x) = \frac{b}{a}\frac{b'}{a'}g_0(x)h_0(x),$$

其中 a, b, a', $b' \in I$, $g_0(x)$ 和 $h_0(x)$ 都是 $I[x]$ 的本原多项式.由引理 1, $g_0(x)h_0(x)$ 还是本原多项式;由引理 2,有

$$f_0(x) = \varepsilon g_0(x)h_0(x),$$

其中 ε 是 I 的单位.因此

$$\varepsilon g_0(x), h(x) \in I[x].$$

但 $\deg(\varepsilon g_0(x)) = \deg(g(x)) > 0$, $\deg(h_0(x)) = \deg(h(x)) > 0$,于是 $\varepsilon g_0(x)$, $h_0(x) \notin I$,由 I 的单位是 $I[x]$ 的单位,故 $\varepsilon g_0(x)$ 和 $h_0(x)$ 都不是 $I[x]$ 的单位.这样,由 §1 定理 3,得 $f_0(x)$ 在 $I[x]$ 中可约.

反过来,设 $f_0(x)$ 在 $I[x]$ 中可约,由性质 3,有

$$f_0(x) = g(x)h(x),$$

其中 $g(x)$ 和 $h(x)$ 都属于 $I[x]$,并且它们的次数都大于零.由 I 的单位是 $I[x]$ 的单位,而 $I[x] \subseteq Q[x]$,把 $g(x)$ 和 $h(x)$ 看作 $Q[x]$ 的元,这两个多项式也不是 $Q[x]$ 的单位,由 §1 定理 3, $f_0(x)$ 在 $Q[x]$ 中可约.

引理 4 $I[x]$ 的一个次数大于零的本原多项式 $f_0(x)$ 在 $I[x]$ 中有唯一分解.

证明 先证 $f_0(x)$ 可以分解为不可约多项式的乘积.

(1) 若 $f_0(x)$ 不可约,这时显然成立.

(2) 若 $f_0(x)$ 可约,由性质(3)和引理 1,有

$$f_0(x) = g_0(x)h_0(x),$$

其中 $g_0(x)$ 和 $h_0(x)$ 都是本原多项式,并且它们的次数都小于 $f_0(x)$ 的次数.这时若 $g_0(x)$ 和 $h_0(x)$ 还是可约,我们又继续把它们分解为次数更小的本原多项式的乘积,由于

$f_0(x)$ 的次数是有限正整数，最后我们可以总得到

$$f_0(x) = p_0^{(1)}(x) p_0^{(2)}(x) \cdots p_0^{(r)}(x) \quad (p_0^{(i)}(x) \text{ 是不可约本原多项式}). \qquad (1)$$

现假设 $f_0(x)$ 还有一种分解：

$$f_0(x) = q_0^{(1)}(x) q_0^{(2)}(x) \cdots q_0^{(t)}(x), \qquad (2)$$

那么由引理 1，$q_0^{(i)}(x)$ 是不可约本原多项式，由引理 3，$p_0^{(i)}(x)$ 和 $q_0^{(i)} x$ 在 $Q[x]$ 中仍不可约，即 (1) 和 (2) 是 $f_0(x)$ 在 $Q[x]$ 中的两种分解，但 $Q[x]$ 是唯一分解环，所以

$$r = t.$$

我们还可以假设

$$q_0^{(i)}(x) = \frac{b_i}{a_i} p_0^{(i)}(x) \quad (a_i, b_i \in I),$$

由引理 2，有

$$q_0^{(i)}(x) = \varepsilon_i p_0^{(i)}(x) \quad (\varepsilon_i \text{ 是 } I \text{ 的单位}),$$

所以 $f_0(x)$ 在 $I[x]$ 中有唯一分解.

现在我们可以证明：

定理 1 若 I 是唯一分解环，那么 $I[x]$ 也是唯一分解环.

证明 设 $f(x) \neq 0 \in I[x]$，且 $f(x)$ 不是单位. 若 $f(x) \in I$，由于 I 是唯一分解环，$f(x)$ 显然有唯一分解.

若 $f(x)$ 是本原多项式，由引理 4，$f(x)$ 也有唯一分解. 这样，我们只需看

$$f(x) = d f_0(x),$$

其中 d 不是 I 的单位，$f_0(x)$ 是次数大于零的本原多项式时的情形.

这时，因 d 在 I 中有分解：

$$d = p_1 p_2 \cdots p_m \quad (p_i \text{ 是 } I \text{ 的素元}).$$

再由引理 4，$f_0(x)$ 有分解：

$$f_0(x) = p_0^{(1)}(x) p_0^{(2)}(x) \cdots p_0^{(r)}(x) \quad (p_0^{(i)}(x) \text{ 是不可约本原多项式}).$$

所以 $f(x)$ 在 $I[x]$ 里有分解：

$$f(x) = p_1 p_2 \cdots p_m p_0^{(1)}(x) p_0^{(2)}(x) \cdots p_0^{(r)}(x).$$

假设 $f(x)$ 在 $I[x]$ 中还有另一种分解：

$$f(x) = q_1 q_2 \cdots q_n q_0^{(1)}(x) q_0^{(2)}(x) \cdots q_0^{(t)}(x),$$

$q_i \in I$，$q_0^{(i)}(x) \notin I$，q_i，$q_0^{(i)}(x)$ 都是 $I[x]$ 的不可约多项式.这时，q_i 一定是 I 的素元，$q_0^{(i)}(x)$ 一定是不可约本原多项式，因为 q_i 若不是 I 的素元，显然也不会是 $I[x]$ 的不可约多项式；$q_0^{(i)}(x)$ 若不是本原多项式，它的系数的最大公因子 d，显然是它的一个真因子，因而 $q_0^{(i)}(x)$ 也不会是不可约多项式，这样由引理 1，有

$$f_0(x) = p_0^{(1)}(x) \cdots p_0^{(r)}(x) = [\varepsilon q_0^{(1)}(x)] q_0^{(2)}(x) \cdots q_0^{(t)}(x),$$

其中 ε 是 I 的单位，表示本原多项式 $f_0(x)$ 的两种分解；因而由引理 4，有

$$t = r,$$

而 $q_0^{(i)}(x)$ 与 $p_0^{(i)}(x)$ 相伴，即

$$q_0^{(i)}(x) = \varepsilon_i p_0^{(i)}(x) \quad (\varepsilon_i \text{ 是 } I \text{ 的单位}).$$

再由引理 2，有

$$d = p_1 p_2 \cdots p_m = [\varepsilon^{-1} q_1] q_2 \cdots q_n$$

表示唯一分解环 I 的元 d 的两种分解.再由 I 是唯一分解环，有

$$m = n,$$

且 q_i 与 p_i 相伴，即

$$q_i = \varepsilon' p_i \quad (\varepsilon' \text{ 是 } I \text{ 的单位}).$$

所以 $f(x)$ 有唯一分解，故 $I[x]$ 是唯一分解环.

由定理 1，应用归纳法立刻可以得到

定理 2 若 I 是唯一分解环，那么 $I[x_1, x_2, \cdots, x_n]$ 也是，这里 $x_1, x_2, \cdots, x_n$ 是 I 的无关未定元.

由定理 1，当 I 是整数环 $\mathbf{Z}$ 时，$I[x] = \mathbf{Z}[x]$ 是唯一分解环.但我们知道，这个多项式环 $\mathbf{Z}[x]$ 不是一个主理想环，因为理想 $(2, x)$ 不是一个主理想（第 3 章 §7 例 5）.这样，我们有了一个唯一分解环不是主理想环的例子.

§6 因子分解与多项式的根

最后我们讨论一下，一个整环 I 上的一元多项式环 $I[x]$ 中的因子分解与多项式的根的关系，这一节的结果都是高等代数中数域 P 上的一元多项式环 $P[x]$ 中相应内容的推广.

定义 1

I 的元 a 称为 $I[x]$ 的**多项式 $f(x)$ 的一个根**，若 $f(a) = 0$.

我们有：

定理 1 设 $f(x) \in I[x]$，$a \in I[x]$，则

$$a \text{ 是 } f(x) \text{ 的一个根} \Leftrightarrow x - a \mid f(x).$$

证明 假设 $x - a \mid f(x)$，则 $\exists g(x) \in I[x]$，有

$$f(x) = (x - a)g(x),$$

那么
$$f(a) = (a - a)g(a) = 0,$$

即 a 是 $f(x)$ 的根.

反过来，假设 a 是 $f(x)$ 的根，因为 $x - a$ 的最高系数是 1 的一个单位，依照本章 §4 引理，$\exists g(x) \in I[x]$，$r \in I$，使得

$$f(x) = q(x)(x - a) + r.$$

代入 a，得
$$f(a) = q(a)(a - a) + r.$$

由根的定义知 $f(a) = 0$，所以

$$r = 0,$$

从而
$$f(x) = q(x)(x - a),$$

即
$$x - a \mid f(x).$$

定理 2 设 $f(x) \in I[x]$，$a_1, a_2, \cdots, a_k$ 是 I 中 k 个互不相同的元，则

$$a_1, a_2, \cdots, a_k \text{ 是 } f(x) \text{ 的根} \Leftrightarrow (x - a_1)(x - a_2) \cdots (x - a_k) \mid f(x).$$

证明 若 $(x - a_1)(x - a_2) \cdots (x - a_k) \mid f(x)$，显然 $a_1, a_2, \cdots, a_k$ 都是 $f(x)$ 的根.

反过来，若 $a_1, a_2, \cdots, a_k$ 都是 $f(x)$ 的根. 由定理 1，有

$$f(x) = (x - a_1)f_1(x).$$

代入 a_2，得
$$f(a_2) = f_1(x)(a_2 - a_1) = 0.$$

但 $a_2 - a_1 \neq 0$，I 又没有零因子，所以 $f_1(a_2) = 0$，a_2 是 $f_1(x)$ 的根. 因此

$$f_1(x) = f_2(x)(x - a_2),$$

得
$$f(x) = f_2(x)(x - a_2)(x - a_1).$$

这样一直下去，得到

$$f(x) = f_k(x)(x - a_1)(x - a_2) \cdots (x - a_k).$$

推论 1 设 $f(x) \in I[x]$，若 $\deg(f(x)) = n$，那么 $f(x)$ 在 I 中至多有 n 个不同的根.

这里,我们要求 I 是整环,若 I 不是整环,定理 2 及其推论 1 都不成立.例如,在 $I_6[x]$ 中,二次多项式 $f(x)=x^2-x$ 有四个不同的根：$[0]$, $[1]$, $[3]$, $[4]$.

接下来,我们看看重根的概念及其判别.

定义 2

设 $f(x) \in I[x]$, $a \in I$, 若

$$(x-a)^k \mid f(x), \text{且} (x-a)^{k+1} \nmid f(x),$$

则称 a 为 $f(x)$ 的一个 k **重根**；当 $k>1$ 时,称 a 为 $f(x)$ 的一个**重根**.

对于重根我们有一个类似定理 1 的定理,不过在这里我们先引入导数的概念.

定义 3

设多项式

$$f(x)=a_n x^n + a_{n-1} x^{n-1} + \cdots + a_1 x + a_0,$$

则称

$$f'(x)=n a_n x^n + (n-1)a_{n-1} x^{n-2} + \cdots + a_1 x$$

称为 $f(x)$ 的**一阶导数**.

导数适合以下计算规则：

$$(f(x)+g(x))' = f'(x)+g'(x),$$
$$(f(x)g(x)) = f(x)g'(x)+f'(x)g(x),$$
$$(f(x)^t)' = t f(x)^{t-1} f'(x).$$

定理 3 $f(x)$ 的一个根 a 是一个重根 $\Leftrightarrow x-a \mid f'(x)$.

证明 假设 a 是 $f(x)$ 的重根,那么

$$f(x)=(x-a)^k g(x) \quad (k>1).$$

而

$$f'(x)=(x-a)^k g'(x)+k(x-a)^{k-1} g(x)$$
$$=(x-a)^{k-1}[(x-a)g'(x)+kg(x)],$$

故 $x-a \mid f'(x)$.

反过来,假设 a 不是 $f(x)$ 的重根,那么

$$f(x)=(x-a)g(x), \text{且} (x-a) \nmid g(x),$$

于是

$$f'(x)=(x-a)g'(x)+g(x),$$

从而 $$f'(a) = g(a) \neq 0.$$

所以 a 不是 $f'(x)$ 的根,即 $x - a \nmid f'(x)$,矛盾.因此,a 是 $f(x)$ 的一个重根.

推论 2 设 $I[x]$ 是一个唯一分解环,$f(x) \in I[x]$,$a \in I$,则

$$a \text{ 是 } f(x) \text{ 的一个重根} \Leftrightarrow x - a \mid (f(x), f'(x)).$$

例 设 $I_3[x]$ 是 I_3 上的一元多项式环,$f(x) = x^3 - x \in I_3[x]$,则对 $\forall a \in I_3$,都有 $f(a) = 0$.

证明 因为 $f(x) = x^3 - x = x(x - [1])(x - [2])$,由定理 2,有 $[0]$,$[1]$,$[2]$ 是 $f(x)$ 的根,而 $I_3 = \{[0], [1], [2]\}$,所以 I_3 中的每一个元都是 $f(x)$ 的根.

习　题

一、单项选择题

1. 整环中两个整数相伴的充要条件是（　　）.

　　A. 这两个整数相等　　　　　　　　　　B. 这两个整数只差一个符号

　　C. A 和 B　　　　　　　　　　　　　　D. 这两个整数奇偶性相同

2. 下列说法不正确的是（　　）.

　　A. 单位的逆元也是单位　　　　　　　　B. 两个单位的乘积也是单位

　　C. 一个整环只有两个单位　　　　　　　D. 一个整环至少有两个单位

3. 下列关于素元的说法不正确的是（　　）.

　　A. 素元不是零元　　　　　　　　　　　B. 素元不是单位

　　C. 素元只有平凡因子　　　　　　　　　D. 素元和单位的乘积不是素元

4. 域中的每个非零元都是（　　）.

　　A. 零因子　　　　　　B. 单位　　　　　　C. 单位元　　　　　D. 素元

5. 设 a 是整环 I 中不是零元也不是单位并且只有平凡因子的元,则 a 是 I 的（　　）.

　　A. 可逆元　　　　　　B. 单位元　　　　　C. 零因子　　　　　D. 素元

6. 设 a、b、c 是整环 I 中的三个元素且 $a = bc$,则 b、c 是 a 的真因子的充分必要条件是（　　）.

　　A. b、c 皆可逆　　　　　　　　　　B. b、c 皆不可逆

　　C. b、c 皆不是单位　　　　　　　　D. b、c 皆不是单位元

7. 下列是唯一分解整环的是（　　）.

　　A. $\mathbf{Z}[i]$　　　　B. $\mathbf{Z}[\sqrt{-5}]$　　　　C. $\mathbf{Z}[\sqrt{-3}]$　　　　D. $\mathbf{Z}[\sqrt{10}]$

8. 下列关于公因子的说法中正确的是（　　）.

A. 一个环中，任意两个元素都有最大公因子

B. 一个环中，并非任意两个元素都有最大公因子

C. a、b 的任意两个最大公因子不是相伴的

D. a、b 的任意一个最大公因子只能是一个单位

9. 在整数环 $\mathbf{Z}$ 中，包含 (6) 的最大理想是（　　）.

    A. (12)　　　　　　B. (2)　　　　　　C. (3)　　　　　　D. B 和 C

10. 下列是不是主理想环的是（　　）.

    A. $\mathbf{Z}[i]$　　　　B. $\mathbf{Z}[\sqrt{-3}]$　　　C. $\mathbf{Z}$　　　　D. $\mathbf{Z}[\sqrt{2}]$

11. 下列关于欧式环说法正确的是（　　）.

    A. 主理想环是欧式环　　　　　　B. 欧式环是主理想环

    C. 欧式环不一定是唯一分解环　　D. 整数环不是欧式环

12. 数域 P 上的一元多项式环 $P[x]$ 不是一个（　　）.

    A. 有零因子的交换环　　　　　　B. 唯一分解环

    C. 主理想环　　　　　　　　　　D. 欧式环

13. 设 x^2 是模 8 的剩余类环 $\mathbf{Z}_8$ 上的多项式，则 $x^2=0$ 在 $\mathbf{Z}_8$ 中的根有（　　）.

    A. 1 个　　　　　　B. 2 个　　　　　　C. 3 个　　　　　　D. 4 个

14. 设 $f(x)=x^2-x$ 是模 6 的剩余类环 $\mathbf{Z}_6$ 上一元多项式 $\mathbf{Z}_6[x]$ 中的多项式，则下列不是 $f(x)$ 在 $\mathbf{Z}_6$ 中的根的是（　　）.

    A. $[0]$　　　　　　B. $[1]$　　　　　　C. $[2]$　　　　　　D. $[3]$

二、填空题

1. 设 $I=\{a+b\sqrt{-5} \mid a,b\in\mathbf{Z}\}$，这时 I 的两个单位是_____.

2. Gauss 整数环 $\mathbf{Z}[i]=\{a+bi \mid a,b\in\mathbf{Z}\}$ 的所有单位是_____.

3. 数域 F 中的两个多项式相伴的充要条件是_____.

4. 设 p 是整环 I 的一个素元，若 $p\mid ab$，则_____.

5. 若整环的每一个非零非单位元都有唯一分解，这样的环称为_____.

6. 主理想环中素元生成的理想是_____理想.

7. 设 R 是模 16 的剩余类环，$R[x]$ 的多项式在 x^2 中有的根是_____.

8. 在 $\mathbf{Z}_3[x]$ 中多项式 $f(x)=x^4-x$ 的全部根是_____.

三、简答题

1. 整环 $I=\left\{\dfrac{m}{2^n} \mid m,n\in\mathbf{Z}, n\geq 0\right\}$ 形式的有理数，那么 I 的哪些元是单位，哪些元是素元？

2. 试求 Gauss 整环 $\mathbf{Z}[\mathrm{i}]=\{a+b\mathrm{i}\mid a,b\in\mathbf{Z}\}$ 中整数 5 在 $\mathbf{Z}[\mathrm{i}]$ 中的所有真因子?

3. 在整环 $\mathbf{Z}[\sqrt{-5}]=\{a+b\sqrt{-5}\mid a,b\in\mathbf{Z}\}$ 中,9 是不是有唯一分解?

4. 整环 $\mathbf{Z}[\sqrt{10}]=\{a+b\sqrt{10}\mid a,b\in\mathbf{Z}\}$ 是不是唯一分解整环?

5. 在整环 $\mathbf{Z}[\sqrt{2}]=\{a+b\sqrt{2}\mid a,b\in\mathbf{Z}\}$ 中,元素 $3+\sqrt{2}$ 与 $5+4\sqrt{2}$, $\sqrt{2}$ 与 $4-3\sqrt{2}$ 是否相伴?

6. 在整环 $\mathbf{Z}[\sqrt{5}]=\{a+b\sqrt{5}\mid a,b\in\mathbf{Z}\}$ 中,元素 $2+\sqrt{5}$ 与 $2-\sqrt{5}$, $3-\sqrt{5}$ 与 $7+3\sqrt{5}$ 是否相伴?

7. 在 $\mathbf{Z}[\mathrm{i}]=\{a+b\mathrm{i}\mid a,b\in\mathbf{Z}\}$ 中,求非零元 $a+b\mathrm{i}$ 的所有相伴元.

8. 在整环 $\mathbf{Z}[\sqrt{-2}]=\{a+b\sqrt{-2}\mid a,b\in\mathbf{Z}\}$ 中,元素 $7,2+5\sqrt{-2},\sqrt{-2},3-\sqrt{-2}$, 是否是素元?

9. 主理想整环的子环是否仍是主理想整环?

10. Gauss 整环 $\mathbf{Z}[\mathrm{i}]$ 关于映射

$$\phi:a+b\mathrm{i}\to a^2+b^2$$

是否构成一个欧式环?

11. 整环 $\mathbf{Z}[\sqrt{2}\mathrm{i}]=\{a+b\sqrt{2}\mathrm{i}\mid a,b\in\mathbf{Z}\}$ 关于 $\mathbf{Z}[\sqrt{2}\mathrm{i}]^*$ 到非负整数集 $\mathbf{N}\cup\{0\}$ 的映射

$$\phi:a+b\sqrt{2}\mathrm{i}\to a^2+2b^2$$

是否构成一个欧式环?

12. 设 $F[x]$ 是有理数域 F 上的一元多项式环,理想

$$(x^2+1,x^5+x^3+1)$$

等于怎样的一个主理想?

13. 试求 $\mathbf{Z}_5[x]$ 中多项式 $f(x)=x^5-1$ 在 $\mathbf{Z}_5$ 中的根.

四、证明题

1. 证明:整环中的 0 不是任何元的真因子.

2. Gauss 整环 $\mathbf{Z}[\mathrm{i}]=\{a+b\mathrm{i}\mid a,b\in\mathbf{Z}\}$,证明:5 不是 I 的素元. 这时 5 有没有唯一分解?

3. 设 $I=\{a+b\sqrt{-3}\mid a,b\in\mathbf{Z}\}$,则 14 在 I 中有唯一分解.(韩 170)

4. 证明 §2 中的推论.

5. 假设在一个唯一分解环里

$$a_1=db_1,a_2=db_2,\cdots,a_n=db_n.$$

证明:

$$d \text{ 是 } a_1, a_2, \cdots, a_n \text{ 的一个最大公因子} \Leftrightarrow b_1, b_2, \cdots, b_n \text{ 互素.}$$

6. 假设 I 是一个整环, (a) 和 (b) 是 I 的两个主理想, 证明:

$$(a) = (b) \Leftrightarrow b \text{ 是 } a \text{ 的相伴元.}$$

7. 证明: 数域 F 上的多项式环 $F[x]$ 是一个主理想整环.

8. 设 I 是一个主理想环, 并且 $(a, b) = (d)$, 证明: d 是 a 和 b 的最大公因子, 因此 a 和 b 的任何最大公因子都可以写成以下形式:

$$d' = sa + tb \quad (s, t \in I).$$

9. 一个主理想环 I 的一个非零最大理想都是由一个素元所生成的.

10. 设 I 和 I_0 是两个主理想环, 其中 I_0 是 I 的一个子环, $a, b \in I_0$, a 和 b 在 I_0 中的一个最大公因子是 d. 证明: d 也是这两个元在 I 里的一个最大公因子.

11. 在整环 $\mathbf{Z}[\mathrm{i}] = \{a + b\mathrm{i} \mid a, b \in \mathbf{Z}\}$ 中, 证明: 元 7, $3 - 2\mathrm{i}$, $2 + 5\mathrm{i}$ 都是素元.

12. 在整环 $\mathbf{Z}[\sqrt{-3}] = \{a + b\sqrt{-3} \mid a, b \in \mathbf{Z}\}$ 中, 元素 5, $4 + \sqrt{-3}$, $\sqrt{-3}$, $2 - 3\sqrt{-3}$ 都是素元.

13. 证明: 域一定是欧式环.

14. 整环 $\mathbf{Z}[\sqrt{2}] = \{a + b\sqrt{2} \mid a, b \in \mathbf{Z}\}$ 关于 $\mathbf{Z}[\sqrt{2}]^*$ 到非负整数集 $\mathbf{N} \cup \{0\}$ 的映射

$$\phi : a + b\sqrt{2} \to |a^2 - 2b^2|$$

构成一个欧式环.

15. 设 I 是一个唯一分解环, 而 Q 是 I 的商域. 证明: $I[x]$ 的一个多项式若在 $Q[x]$ 中可约, 那么它在 $I[x]$ 中也是可约.

16. 设 $I[x]$ 是整环 I 上的一元多项式, $f(x)$ 属于 $I[x]$ 但不属于 I, 并且 $f(x)$ 的最高系数是 I 的一个单位, 证明: $f(x)$ 在 $I[x]$ 里有分解.

第 **5** 章 扩 域

在第 3 章中，我们已经讨论过域.在这一章里，我们将要对域作进一步的讨论.由于计算机和信息科学的发展，离散的数学结构(对比于连续的数学结构)的研究日渐重要.这一章中我们主要讲一些扩域,代数扩域、多项式的分裂域和有限域的一般理论.

§1   扩域、素域

定义1

设 E、F 是域，若 F 是 E 的子域，则称 E 为 F 的**扩域(扩张)**，记为 E/F.

例 1   有理数域是实数域的子域，实数域是有理数域的扩域；实数域是复数域的子域，复数域是实数域的扩域.

有了扩域的概念，我们将讨论：从一个给定的域 F 出发，应如何来研究它的扩域 E 的存在和结构的问题.首项，我们来看一下域 F 的选择问题：

定理 1   设 E 是一个域.若 char $E=\infty$，那么 E 含有一个与有理数域同构的子域；若 char $E=p$，那么 E 含有一个与 $E/(p)$ 同构的子域，其中 $\mathbf{Z}$ 是整数环，(p) 是由 p 生成的主理想.

证明   设 e 是域 E 的一个单位元，因此 E 也包含所有 ne(n 是整数).记 $R=\{ne\}$，那么

$$\phi: n \to ne$$

显然是整数环 $\mathbf{Z}$ 到 R 的一个同态满射.

(1) 若 char $E=\infty$. 这时 ϕ 是一个同构映射，即

$$\mathbf{Z} \cong R,$$

但 E 包含 R 的商域 F.由第 3 章 §10 定理 4,F 与 E 的商域——有理数域同构.

(2) 若 $\operatorname{char} E = p$. 这时,

$$E/\ker\phi \cong R,$$

但

$$p \to pe = 0,$$

所以 $p \in \mathfrak{A}$,因此 $(p) \subseteq \mathfrak{A}$.第 4 章 §3 引理 2,$(p)$ 是一个最大理想.另一方面,

$$1 \to e \neq 0,$$

所以 $\mathfrak{A} \neq R$,而 $\mathfrak{A} = (p)$,因而

$$R/(p) \cong R.$$

有理数域 $\mathbf{Q}$ 和 $R/(p)$ 显然都不含真子域.

定义2

若一个域 F 不含真子域,则称 F 是一个**素域**(或**最小域**).

例2 有理数域 $\mathbf{R}$ 是一个最小域;以素数 p 为模的剩余类环 $\mathbf{Z}/(p)$ 是有限的最小域.

推论 1 每个域只包含一个素域.

由定理 1 知,一个素域或是与有理数域同构,或是与 $R/(p)$ 同构.因此我们有定理 1 的另一种形式:

定理 2 设 E 是一个域.若 $\operatorname{char} R = \infty$,那么 E 包含一个与有理数域同构的素域.

由定理 2,任意一个域都是一个素域的扩域.因此,可以从素域出发来研究扩域,这样如果我们能够决定素域的所有扩域,我们就掌握了所有的域.但事实上,研究素域的扩域并不比研究一个任意的域的扩域来得容易.因此我们还是从任意域 F 出发来研究它的所有扩域 E.

现在我们极粗略地描述一下一个扩域的结构.

设 F 是任意给定的一个域,E 是 F 的一个扩域,S 是 E 的一个子集.考虑 E 中所有既包含 F 又包含 S 的子域的交,称它为**添加集合 S 于 F 所得的扩域**,记为 $F(S)$.也就是说,设

$$M = \{F_i \mid F_i \text{ 是 } E \text{ 的子域且 } F \subseteq F_i,\ S \subseteq F_i\},$$

则

$$F(S) = \bigcap F_i.$$

于是 $F(S)$ 也是 E 的一个子域,它是 E 中包含 F 与 S 的最小子域.

$F(S)$是显然存在的.因为,E一定有既包含F又包含S的子域,如E本身.一切这样的子域的交集显然是包含F和S的E的最小子域.

更具体地说,$F(S)$刚好包含E的一切可以写成

$$\frac{f_1(\alpha_1, \alpha_2, \cdots, \alpha_n)}{f_2(\alpha_1, \alpha_2, \cdots, \alpha_n)} \tag{1}$$

形式的元,这里$\alpha_i \in S$,f_1和$f_2(\neq 0)$是F上的这些α的多项式,即$f_1, f_2(\neq 0) \in F(x_1, \cdots, x_n)$.因为$F(S)$既然是含有$F$和$S$的一个域,它必然含有一切可以写成形式(1)的元;另一方面,一切可以写成形式(1)的元已经作成一个含有F和S的域.

适当选择S,可以使$E=F(S)$.**例如**$S=E$时,就可以做到这一点.实际上,为得到E,常常只需取E的一个真子集S.

例3 $E=\{a+b\sqrt{2} \mid a, b \in \mathbf{Z}\}$,只需取$S=\{\sqrt{2}\}$,就有$\mathbf{Z}(\sqrt{2})=E$.

现在假设$E=F(S)$.那么按照上面的分析,E是一切添加S的有限子集于F所得子域的并集.

若S是一个有限集:$S=\{\alpha_1, \alpha_2, \cdots, \alpha_n\}$,那么我们也能把$F(S)$记作

$$F(\alpha_1, \alpha_2, \cdots, \alpha_n),$$

称之为**添加元素$\alpha_1, \alpha_2, \cdots, \alpha_n$于$F$所得的子域.**

为了便于讨论添加有限个元素所得的子域,我们证明下述的一般定理.

定理3 设E是域F的一个扩域,而S_1和S_2是E的两个子集,则

$$F(S_1)(S_2)=F(S_1 \bigcup S_2)=F(S_2)(S_1).$$

证明 先证$F(S_1)(S_2)=F(S_1 \bigcup S_2)$.因为$F(S_1)(S_2)$是$E$的一个包含$F,S_1$,$S_2$的子域,而$F(S_1 \bigcup S_2)$是$E$的包含$F$和$S_1 \bigcup S_2$的最小子域.因此

$$F(S_1)(S_2) \supseteq F(S_1 \bigcup S_2).$$

另一方面,$F(S_1 \bigcup S_2)$是E的一个包含F、S_1和S_2的子域,因此是E的一个包含$F(S_1)$和S_2的子域.但$F(S_1)(S_2)$是包含$F(S_1)$和S_2的E的最小子域,因此

$$F(S_1)(S_2) \subseteq F(S_1 \bigcup S_2),$$

因此
$$F(S_1)(S_2)=F(S_1 \bigcup S_2).$$
同理可得

$$F(S_1 \bigcup S_2)=F(S_2)(S_1).$$

定理3告诉我们,先把S_1添加到F上,然后再把S_2添加到$F(S_1)$上去,就等于把$S_1 \bigcup S_2$一下子添加到F上去.一般地,有:

推论 2　设 E 是域 F 的一个扩域,而 $S_1, S_2, \cdots, S_n$ 是 E 的 n 个子集,则

$$F(S_1 \bigcup S_2 \bigcup \cdots \bigcup S_n) = F(S_1)(S_2)\cdots(S_n).$$

特别地,当 $S_1 = \{\alpha_1\}$, $S_2 = \{\alpha_2\}$, $\cdots$, $S_n = \{\alpha_n\}$ 时,有

$$F(\alpha_1, \alpha_2, \cdots, \alpha_{n-1}, \alpha_n) = F(\alpha_1, \alpha_2, \cdots, \alpha_{n-1})F(\alpha_n)$$
$$= F(\alpha_1)(\alpha_2)\cdots(\alpha_n).$$

这说明,我们可以把添加一个有限集归结为陆续添加单个的元素而得到,并且与添加的顺序无关.于是,添加一个元素的扩张,即单扩域,是讨论一般扩张的基础,这也是我们再下一节将主要讨论的内容.

§2　单　扩　域

单扩域是最简单的扩域,首先来看一下单扩域的概念.

定义 1

设 E 是域 F 的一个扩域,$\alpha \in E$,添加 α 于域 F 所得的扩域 $F(\alpha)$ 称为域 F 的一个**单扩域(单扩张)**.

由(1)可知,单扩域 $F(\alpha)$ 可以写成:

$$f(\alpha) = \left\{ \frac{f_1(\alpha)}{f_2(\alpha)} \,\middle|\, f_1(\alpha), f_2(\alpha) \in F(x), f_2(\alpha) \neq 0 \right\}.$$

从定义可以看出,$F(\alpha)$ 的代数性质与添加的元素 α 有密切关系,即是说,α 与 F 之间的关系对于 $F(\alpha)$ 的代数性质的研究有着重要意义.为了讨论单扩域的结构,我们先引进两个基本概念.

定义 2

设 E 是域 F 的一个扩域,$\alpha \in E$,若存在非零多项式 $f(x) = a_0 + a_1 x + a_2 x^2 + \cdots + a_n x^n \in F(x)$,使得

$$f(\alpha) = 0,$$

则称 α 为域 F 上的一个**代数元**.若这样的 $a_0, a_1, \cdots, a_n$ 不存在,则称 α 为 F 上的一个**超越元**.

若 α 是 F 上的一个代数元,$F(\alpha)$ 就称为 F 的一个**单代数扩域**;若 α 是 F 上的一个超越元,$F(\alpha)$ 就称为 F 的一个**单超越扩域**.

例1 有理数域 $\mathbf{Q}$ 是复数域 $\mathbf{C}$ 的子域，$\sqrt{2} \in \mathbf{Q}$ 是 $\mathbf{Q}$ 上的一个代数元，因为有多项式

$$f(x) = x^2 - 2 \in Q(x)$$

满足 $f(\sqrt{2}) = 0$，即存在元 $a_0 = -2$，$a_1 = 1 \in \mathbf{Q}$，使得 $(\sqrt{2})^2 - 2 = 0$. 于是 $Q(\sqrt{2})$ 就是一个单代数扩张.

而 π 是 $\mathbf{Q}$ 上的一个超越元，因为不存在 $Q(x)$ 中的多项式 $f(x)$，满足 $f(\pi) = 0$. 于是 $Q(\pi)$ 是一个单超越扩张，

注1 一个元素 α 是代数的还是超越的是相对于域 F 来说的，显然：若 $F \subseteq K \subseteq E$，$\alpha \in E$，$\alpha$ 在 F 上是代数的，则 α 在 K 上也是代数的.反之则未必.

例如，有理数域 $\mathbf{Q} \subseteq$ 实数域 $\mathbf{R} \subseteq$ 复数域 $\mathbf{C}$，$\alpha = \sqrt{2}$ 在 $\mathbf{Q}$ 上是代数的，自然在 $\mathbf{R}$ 上也是代数的.但 $\alpha = \pi$ 在 $\mathbf{Q}$ 上是超越的，而我们可以验证它在 $\mathbf{R}$ 上是代数的.

设 $F[x]$ 是域 F 上的一个未定元 x 的多项式环，E 是 F 的有限扩域，α 是 F 上的一个代数元，满足条件 $p(x) = 0$ 的首项系数为 1，次数最低的多项式

$$p(x) = x^n + a_{n-1}x^{n-1} + \cdots + a_1 x + a_0$$

称为元 α 在 F 上的**极小多项式**，n 称为 α 在 F 上的**次数**.

例2 $\sqrt{2}$ 是 Q 的代数元，$x^2 - 2$ 是 $\sqrt{2}$ 在 $\mathbf{Q}$ 上的极小多项式；同时 $\sqrt{2}$ 也是 $\mathbf{R}$ 的代数元，而在 $\mathbf{R}$ 上的极小多项式是 $x - \sqrt{2}$.

通过上例可以看出：

注2 即使 $\alpha \in E$ 同时是 F 上、K 上的代数元，α 在 F 上的极小多项式和在 K 上的极小多项式也可能不相同.

注3 域 F 上的代数元 α 的极小多项式 $p(x)$ 是 F 上的不可约多项式.

证明 假设 $p(x)$ 是 F 上的可约多项式，则必存在 $g(x)$，$h(x) \in F[x]$，$0 < \deg(g(x))$，$\deg(h(x)) < \deg(p(x))$，有

$$p(x) = g(x)h(x),$$

从而得

$$p(a) = g(a)h(a) = 0.$$

由 $g(a)$ 和 $h(a)$ 都是域的 $F(a)$ 元，而域没有零因子，所以有

$$g(a) = 0 \text{ 或 } h(a) = 0,$$

这与 $p(x)$ 是 a 的极小多项式矛盾.故 $p(x)$ 是一个不可约多项式.

单扩域的结构通过以下定理可以掌握.

定理 1 设 E/F 为任一扩张，$\alpha \in E$. $F[x]$ 是域 F 上的一个未定元 x 的多项式环.

若 α 是 F 上的一个超越元,则

$$F(\alpha) \cong F[x] \text{ 的商域}.$$

若 α 是 F 上的一个代数元,则

$$F(\alpha) \cong F[x]/(p(x)),$$

其中 $p(x)$ 是 α 的极小多项式.

证明 记 F 上的 α 的多项式环

$$F[\alpha] = \left\{ f(\alpha) = \sum a_k \alpha^k \mid a_k \in F \right\}.$$

显然 $F[\alpha]$ 是 $F(\alpha)$ 的一个子环,我们知道,

$$\phi: \sum a_k x^k \rightarrow \sum a_k \alpha^k$$

是 F 上的未定元 x 的多项式环 $F[x]$ 到 $F[\alpha]$ 的同态满射,且 ϕ 的核

$$\ker \phi = \{ f(x) \mid f(\alpha) = 0 \}.$$

由环的同态基本定理,有

$$F[x]/\ker \phi \cong F[\alpha]. \tag{1}$$

下面我们分两种情形来看.

情形 1 若 α 是 F 上的超越元：这时 ϕ 的核 $\ker \phi = \{0\}$,于是

$$F[x]/\ker \phi = F[x]/\{0\} = F[x],$$

即

$$F[x] \cong F[\alpha].$$

于是

$$F[x] \text{ 的商域} \cong F[\alpha] \text{ 的商域}.$$

由第 3 章 §10 定理 3,有

$$F[\alpha] \text{ 的商域} \subseteq F(\alpha).$$

另一方面,F 和 α 都属于 $F[\alpha]$ 的商域,因此,由 $F(\alpha)$ 的定义

$$F(\alpha) \subseteq F[\alpha] \text{ 的商域},$$

因此

$$F(\alpha) \cong F[x] \text{ 的商域}.$$

情形 2 若 α 是 F 上的代数元：这时由于存在非零多项式 $f(x) \in F[x]$，使 $f(a) = 0$，故 ϕ 的核 $\ker \phi$ 是环 $F[x]$ 的一个非零理想，由第 4 章 §4 定理 3 和定理 1，$F[x]$ 是一个主理想环，所以 $\ker \phi$ 是主理想. 因此

$$\ker \phi = (p(x)).$$

$F[x]$ 的一个主理想的两个生成元能够相互整除，因而它们只能差一个单位因子，而 $F[x]$ 的单位就是 F 的非零元. 所以令 $p(x)$ 的最高系数是 1，$p(x)$ 就是唯一确定的. 由 $\ker \phi$ 的定义得：$p(a) = 0$；由此得 $p(x)$ 不是 F 的非零元. 但 a 是 F 上的代数元，所以 $p(x)$ 也不是零多项式. 因此，$p(x)$ 的次数 $\geqslant 1$. 这时显然 $p(x)$ 是以 α 为根，首项系数为 1 的，次数最小的多项式，从而 $p(x)$ 为 α 的极小多项式，当然 $p(x)$ 在 F 上是不可约的. 因而 $p(x)$ 是 $F[x]$ 的一个最大理想，而 $F[x]/(p(x))$ 是一个域. 由 (1)，有 $F[\alpha]$ 是一个域. 再由 $F[\alpha]$ 既包含 F 也包含 α，并且 $F[\alpha] \subseteq F(\alpha)$，所以 $F[\alpha] = F(\alpha)$，故

$$F[\alpha] \cong F[x]/(p(x)).$$

从定理 1 可知，若 α 是 F 上的超越元，即 $F(\alpha)$ 为单超越扩张，那么 $F(\alpha)$ 中每一个元素都是 α 的有理分式，$F(\alpha)$ 中元间的运算法则与 $F(x)$ 中元间的运算一致，把 α 看作未定元 x 时一样. 若 α 为 F 上的代数元，我们还可以把 $F(\alpha)$ 描述得更清楚一点.

定理 2 设 α 是域 F 上的一个代数元，并且

$$F[x]/(p(x)) \cong F[\alpha],$$

那么 $F[\alpha]$ 的每一个元都可以唯一地表示成

$$\sum_{i=0}^{n-1} a_i \alpha^i \quad (a_i \in F)$$

的形式，这里 $p(x)$ 是 a 的极小多项式，n 是 $p(x)$ 的次数；而且对于任意

$$f(\alpha) = \sum_{i=0}^{n-1} a_i \alpha^i, \quad g(\alpha) = \sum_{i=0}^{n-1} b_i \alpha^i,$$

有

$$f(\alpha) + g(\alpha) = \sum_{i=0}^{n-1} (a_i + b_i) \alpha^i,$$

$$f(\alpha) g(\alpha) = r(\alpha),$$

其中 $r(x)$ 是用 $p(x)$ 除 $f(x)g(x)$ 所得的余式.

证明 我们知道单扩域 $F(\alpha)$ 可以写成：

$$F(\alpha) = \left\{ \frac{f_1(\alpha)}{f_2(\alpha)} \,\middle|\, f_1(\alpha), f_2(\alpha) \in F(x), f_2(\alpha) \neq 0 \right\}$$

由于 $F(\alpha) = F[\alpha]$，所以对 $\forall \dfrac{f_1(\alpha)}{f_2(\alpha)} \in F(\alpha)$，存在 $\sum a_i \alpha^i \in F[\alpha]$，满足

$$\frac{f_1(\alpha)}{f_2(\alpha)} = h(\alpha) = \sum b_i \alpha^i \quad (b_i \in F).$$

但

$$h(x) = p(x)q(x) + r(x),$$

其中

$$r(x) = \sum_{i=0}^{n-1} a_i \alpha^i \quad (a_i \in F).$$

因为 $p(a) = 0$，有

$$\frac{f_1(\alpha)}{f_2(\alpha)} = h(\alpha) = r(\alpha) = \sum_{i=0}^{n-1} a_i \alpha^i,$$

这就是说，$F(\alpha)$ 中任意元素都能表示成

$$\sum_{i=0}^{n-1} a_i \alpha^i \quad (a_i \in F)$$

的形式. 现在我们来证明这种表示法是唯一的. 事实上，若还有

$$\frac{f_1(\alpha)}{f_2(\alpha)} = r_1(\alpha) = \sum_{i=0}^{n-1} a_i \alpha^i \quad (a_i \in F),$$

那么

$$r(a) = r_1(a) = k(a) = 0,$$
$$p(x) \mid k(x).$$

由于 $k(x)$ 的次数 $< n$，得

$$k(x) = 0,$$

所以

$$r(x) = r_1(x) = 0.$$

例 3　有理数域 $\mathbf{Q}$ 是实数域 $\mathbf{R}$ 的子域，$\sqrt{2} \in \mathbf{R}$ 是在 $\mathbf{Q}$ 上的代数元，$\sqrt{2}$ 在 $\mathbf{Q}$ 上的极小多项式为 $p(x) = x^2 - 2$，其次数为 2，于是 $Q(\sqrt{2})$ 中的每个元素均可表示成

$$a + b\sqrt{2} \quad (a, b \in \mathbf{Q})$$

且对 $\forall \alpha, \beta \in Q(\sqrt{2})$，$\alpha = a + b\sqrt{2}$，$\beta = c + d\sqrt{2}$，$a, b, c, d \in Q$，有

$$\alpha + \beta = (a + b\sqrt{2}) + (c + d\sqrt{2}) = (a + c) + (b + d)\sqrt{2},$$

$$\alpha\beta = (a + b\sqrt{2})(c + d\sqrt{2}) = (ac + 2bd) + (ad + bc)\sqrt{2}.$$

以上的讨论是在域 F 有扩域 E 的前提下进行的. 现在我们问: 若是只给了一个域 F, 是不是一定存在 F 的单扩域 E?

F 的单超越扩域 E 的存在容易看出. 我们知道, 对于任意一个域 F, F 上的一个未定元 x 的多项式环 $F[x]$ 和 $F[x]$ 的商域都是存在的. $F[x]$ 的商域显然是包含了 F 和 x 的最小域. 而按照未定元的定义, x 是 F 上的超越元, 因此 $F[x]$ 的商域就是 F 的一个单超越扩域. 由定理 1, F 的任何单超越扩域都是同构的.

对于 F 的单代数扩域, 我们可以证明:

定理 3 设 F 是任意给定的一个域, 而

$$p(x) = x^n + a_{n-1}x^{n-1} + \cdots + a_0$$

是 F 上一元多项式环 $F[x]$ 的给定不可约多项式, 那么总存在 F 的单代数扩域 $F(\alpha)$, 其中 α 在 F 上的极小多项式是 $p(x)$.

证明 因为 $p(x)$ 是不可约多项式, 所以 $(p(x))$ 是一个最大理想, 因而剩余类环

$$F(x)/(p(x)) = \{\overline{f(x)} = f(x) + (p(x)) \mid f(x) \in F[x]\}$$

是一个域. 我们知道, 有 $F[x]$ 到 $F[x]/(p(x))$ 的自然同态

$$\phi: f(x) \rightarrow \overline{f(x)},$$

由于 $F \subseteq F[x]$, 在这个同态满射 ϕ 之下, F 有一个象 $\bar{F} \subseteq F(x)/(p(x))$, 并且 $F \sim \bar{F}$. 同时对于 $\forall a, b \in F$ 来说, 有

$$a \neq b \Rightarrow p(x) \nmid a - b, \overline{a - b} \neq \bar{0} \Rightarrow \bar{a} \neq \bar{b},$$

所以 $F \cong \bar{F}$. 这样, 由于 $F[x]/(p(x))$ 和 F 没有共同元, 根据替换定理, 我们可以把 $F[x]/(p(x))$ 的子集 $\bar{F}$ 用 F 来调换, 而得到一个域 K, 使得

$$F \subseteq K, \text{且} F[x]/(p(x)) \cong K.$$

现在我们看 $F[x]$ 的元 x 在 K 里的象 $\bar{x}$. 由于

$$\overline{p(x)} = \overline{x^n + a_{n-1}x^{n-1} + \cdots + a_0} = \bar{0},$$

所以在 K 中,

$$\bar{x}^n + \bar{a}_{n-1}\bar{x}^{n-1} + \cdots + \bar{a}_0 = \bar{0}.$$

因此

$$\bar{x}^n + a_{n-1}\bar{x}^{n-1} + \cdots + a_0 = 0.$$

若我们把 $\bar{x}$ 在 K 中的逆象记为 α，就有

$$\alpha^n + a_{n-1}\alpha^{n-1} + \cdots + a_0 = 0.$$

这样，域 K 包含一个 F 上的代数元 α. 我们证明，$p(x)$ 就是 α 在 F 上的极小多项式，令 $p_1(x)$ 是 α 在 F 上的极小多项式. 那么 $F[x]$ 中一切满足条件 $f(\alpha) = 0$ 的多项式 $f(x)$ 显然构成一个理想，而这个理想就是主理想 $(p_1(x))$（参看第 4 章 §4 定理 1 的证明）. 因此 $p(x)$ 能被 $p_1(x)$ 整除. 但 $p(x)$ 不可约，所以一定有

$$p(x) = ap_1(x), \quad a \in F.$$

但 $p(x)$ 和 $p_1(x)$ 的首项系数都是 1，所以 $a = 1$，从而

$$p(x) = p_1(x).$$

因此，我们可以在域 K 中作单扩域 $F(\alpha)$，而 $F(\alpha)$ 能满足定理的要求.

实际上，$F(\alpha) = K$. 证明留给读者.

给定域 F 和 $F[x]$ 的一个首项系数为 1 的不可约多项式 $p(x)$，可能存在若干个单代数扩域，都满足定理 3 的要求.

例 3 设 $F = Q$，$p(x) = x^3 - 2$，3 次单位根是 $\omega = -\dfrac{1}{2} + \dfrac{\sqrt{3}}{2}i$，$\omega^2 = -\dfrac{1}{2} - \dfrac{\sqrt{3}}{2}i$，$\omega^3 = 1$，那么 $p(x)$ 的根是 $r_1 = \sqrt[3]{2}$，$r_2 = \sqrt[3]{2}\,\omega$，$r_3 = \sqrt[3]{2}\,\omega^2$.

但是这些不同的单代数扩域之间是有联系的，我们有：

定理 4 设 $F(\alpha)$ 和 $F(\beta)$ 是域 F 的两个单代数扩域，并且 α 和 β 在 F 上有相同的极小多项式 $p(x)$，那么 $F(\alpha) \cong F(\beta)$.

证明 设 $p(x)$ 的次数是 n. 那么

$$F(\alpha) = \Big\{ \sum_{i=0}^{n-1} a_i \alpha^i \,\Big|\, a_i \in F \Big\},$$

$$F(\beta) = \Big\{ \sum_{i=0}^{n-1} a_i \beta^i \,\Big|\, a_i \in F \Big\}.$$

映射

$$\sum_{i=0}^{n-1} a_i \alpha^i \rightarrow \sum_{i=0}^{n-1} a_i \beta^i$$

显然是 $F(\alpha)$ 与 $F(\beta)$ 间的同构映射.

但是，定理 4 的逆命题却不成立. **例如**，虚数单位 i 在有理数域上 **Q** 的极小多项式为 $x^2 + 1$，而 $\dfrac{1}{2} - \dfrac{3}{2}i$ 在 **Q** 上的极小多项式为 $x^2 - x + \dfrac{5}{2}$；且有

$$Q(\mathrm{i}) = Q\left(\frac{1}{2} - \frac{3}{2}\mathrm{i}\right),$$

所以显然 $Q(\mathrm{i}) \cong Q\left(\frac{1}{2} - \frac{3}{2}\mathrm{i}\right)$，但 i 与 $\frac{1}{2} - \frac{3}{2}\mathrm{i}$ 的极小多项式却不相同.

定理 5 在同构的意义下，有且只有一个域 F 的一个单扩域 $F(\alpha)$ 存在，其中 α 的极小多项式是 $F[x]$ 中给定的首项系数为 1 的不可约多项式.

这样，到目前为止，我们对单扩域，无论是超越的还是代数的存在、结构和个数问题都得到了很好的解决.

例 4 设 $\mathbf{C}$ 是复数域，$\mathbf{R}$ 是实数域，则 $\mathbf{R}(\mathrm{i}) = \mathbf{C}$.由于 $p(x) = x^2 + 1$ 是 i 在 $\mathbf{R}$ 上的极小多项式，次数是 2，那么 $\mathbf{R}(\mathrm{i})$ 中的每个元都可以唯一地表示为 $a_0 + a_1\mathrm{i}\,(a_0, a_1 \in \mathbf{R})$，即 $\mathbf{R}(\mathrm{i}) = \mathbf{C}$.

实际上，$\mathbf{R}$ 上任何一个 2 次不可约多项式的任一个根 $a + b\mathrm{i}$ 不必为实数，即 $a, b \in \mathbf{R}$，而 $b \neq 0$.我们断言：$\mathbf{R}(a+b\mathrm{i}) = \mathbf{R}(\mathrm{i})$.因为 $\mathbf{R}(a+b\mathrm{i})$ 显然是复数域 $\mathbf{R}(\mathrm{i})$ 的子域；又 $\mathrm{i} = b^{-1}((a+b\mathrm{i}) - a) \in \mathbf{R}(a+b\mathrm{i})$，即 $\mathbf{R}(a+b\mathrm{i}) \subseteq \mathbf{R}(\mathrm{i})$，所以 $\mathbf{R}(a+b\mathrm{i}) = \mathbf{R}(\mathrm{i})$.

§3 代数扩域

上一节的结果告诉我们，把域 F 上的一个超越元或一个代数元添加于 F 所得到的单扩域的结构完全不同.我们有以下事实：

设 E 是 F 的一个扩域，并且 E 含有 F 上的超越元.那么总存在 E 的一个子域 K，满足

$$F \subseteq K \subseteq E$$

使得 K 是由添加 F 上超越元于 F 而得到的，而 E 只含 K 上的代数元.

这一事实的证明已经超出本书的范围.这个事实告诉我们，一个扩域可以分为两部分：一个超越的，一个代数的.我们以下就不再讨论超越的扩域，而只对代数的扩域作进一步的研究.

定义1

设 E 是域 F 的一个扩域，若 E 的每一个元都是 F 上的一个代数元，则称 E 是 F 的一个**代数扩域（扩张）**.

例 1 复数域 $\mathbf{C}$ 是实数域 $\mathbf{R}$ 的代数扩域.事实上，对 $\forall a = a + b\mathrm{i} \in \mathbf{C}\,(a, b \in \mathbf{R})$，那么 a 是实系数多项式 $f(x) = x^2 - 2ax + (a^2 + b^2)$ 的根，所以 α 是 $\mathbf{R}$ 上的代数元.

若 $E=F(S)$ 是添加集合 S 于域 F 所得的域,并且 S 的元都是 F 上的代数元,那么 E 的元是否都是 F 上的代数元?

利用我们已经熟知的向量空间,把 E 自然地解释成为域 F 上的一个向量空间.设 E 是域 F 的一个扩域,那么对于 E 的加法和 $F \times E$ 到 E 的乘法来说,E 构成 F 上的一个向量空间.作为 F 上的向量空间,E 的维数或者是一个有限的正整数 n;或者是无限的.

定义2

设 E 是域 F 的一个扩域,E 作为 F 上的向量空间的维数,称为扩域 E 在 F 上的**次数**,记作 $(E:F)$.若 $(E:F)$ 是有限的,则称 E 为域 F 的一个**有限扩域**,否则,称 E 为域 F 的一个**无限扩域**.

例如,复数域 $\mathbf{C}$ 是实数域 $\mathbf{R}$ 的有限扩域,且 $(\mathbf{C}:\mathbf{R})=2$.因为 $\mathbf{C}$ 作为 $\mathbf{R}$ 上的向量空间,1 和 i 构成 $\mathbf{C}$ 的一组基,维数为 2.

关于扩域的次数,我们有

定理1 设 I 是域 F 的有限扩域,而 E 是 I 的有限扩域,则 E 也是 F 的有限扩域,并且

$$(E:F)=(E:I)(I:F).$$

证明 设 $(I:F)=r$,且 $\alpha_1, \alpha_2, \cdots, \alpha_r$ 是空间向量 I 在域 F 上的一个基;$(E:I)=s$,且 $\beta_1, \beta_2, \cdots, \beta_s$ 是空间向量 E 在域 I 上的一个基.我们只需证明,下面这 rs 个 E 的元

$$\alpha_i \beta_j \quad (i=1, 2, \cdots, r, j=1, 2, \cdots, s)$$

是空间向量 E 在域 F 上的一组基.首先对 $\forall \omega \in E$,因 $\beta_1, \beta_2, \cdots, \beta_s$ 是 I 上的 E 的一组基,所以有

$$\omega = \sum_j b_j \beta_j.$$

再由 $\alpha_1, \alpha_2, \cdots, \alpha_r$ 是 F 上的 I 的一组基,又有

$$b_j = \sum_i c_{ij} \alpha_i \quad (c_{ij} \in F),$$

有

$$\omega = \sum_i c_{ij} \alpha_i \beta_j.$$

这样说明 E 中任意元都可以由 $\alpha_i \beta_j (i=1, 2, \cdots, r, j=1, 2, \cdots, s)$ 这 rs 个元线性表示.

其次,证明元 $\alpha_i \beta_j (i=1, 2, \cdots, r, j=1, 2, \cdots, s)$ 在 F 上线性无关.设存在 $c_{ij} \in F$,满足

$$\sum_j \sum_i c_{ij}\alpha_i\beta_j = 0,$$

即

$$\sum_j \left(\sum_i c_{ij}\alpha_i\right)\beta_j = 0, \text{且} \sum_i c_{ij}\alpha_i \in I.$$

由于 β_1，β_2，$\cdots$，β_s 在 I 上线性无关，故

$$\sum_i c_{ij}\alpha_i = 0 \quad (i = 1, 2, \cdots, r).$$

同时，α_1，α_2，$\cdots$，α_r 在 F 上线性无关，故

$$c_{ij} = 0 \quad (i = 1, 2, \cdots, r, j = 1, 2, \cdots, s).$$

因而，$\alpha_i\beta_j$ 是向量空间 E 在域 F 上的一组基.

从而 $(E：F) = rs$，即

$$(E：F) = (E：I)(I：F).$$

定理 1 还可以进一步推广到 F 和 E 之间存在有限多个域的情形：

推论 1 设 F，I_1，I_2，$\cdots$，I_s，E 是域，其中后一个是前一个的有限扩域.则 E 是 F 的有限扩域，且

$$(E：F) = (E：I_s)(I_s：I_{s-1})(I_{s-1}：I_{s-2})\cdots(I_1：F).$$

例 2 设 $\mathbf{Q}$ 是有理数域，这时，

$$(\mathbf{Q}(\sqrt{2}, \mathrm{i})：\mathbf{Q}) = (\mathbf{Q}(\sqrt{2}, \mathrm{i})：\mathbf{Q}(\sqrt{2}))(\mathbf{Q}(\sqrt{2})：\mathbf{Q}) = 2 \times 2 = 4.$$

同时由于 $\mathbf{Q} \subseteq \mathbf{Q}(\sqrt{2}) \subseteq \mathbf{Q}(\sqrt{2}, \sqrt{3})$，从而有

$$(\mathbf{Q}(\sqrt{2}, \sqrt{3})：Q) = (\mathbf{Q}(\sqrt{2}, \sqrt{3})：\mathbf{Q}(\sqrt{2}))(\mathbf{Q}(\sqrt{2})：\mathbf{Q}),$$

但易知

$$(\mathbf{Q}(\sqrt{2}, \sqrt{3})：\mathbf{Q}(\sqrt{2})) = (\mathbf{Q}(\sqrt{2})：\mathbf{Q}) = 2,$$

故 $(\mathbf{Q}(\sqrt{2}, \sqrt{3})：\mathbf{Q}) = 4$.

现在我们证明下述几个定理来解答前面提出的问题.

定理 2 有限扩域一定是代数扩域.

证明 设 E 是 F 的有限扩域，且 $(E：F) = n$，对 $\forall \alpha \in E$，那么 1，α，α^2，$\cdots$，α^n，这 $n+1$ 个元在 F 上线性相关.因此，在 F 中必存在不全为零的 $n+1$ 个元 a_0，a_1，$\cdots$，a_n，使得

$$a_0 + a_1\alpha + \cdots + a_n\alpha^n = 0.$$

这就是说, α 是 F 上非零多项式

$$f(x) = a_0 + a_1 \alpha + \cdots + a_n \alpha^n$$

的根, 即 α 是 F 上的代数元, 由 α 的任意性, 从而 E 是 F 的代数扩域.

定理 3 设 $E = F(\alpha)$ 是域 F 的一个单数扩域, 则 E 是 F 的一个代数扩域.

证明 设 α 在 F 上极小多项式的次数是 n. 由上节定理 2, 有 $F(\alpha)$ 的每一个元都可以唯一地表示成

$$a_0 + a_1 \alpha + \cdots + a_{n-1} \alpha^{n-1} \quad (a_i \in F)$$

的形式. 这就是说, 元 $1, \alpha, \cdots, \alpha^{n-1}$ 作成 F 上的空间向量 E 的一组基, 因此 E 是 F 的一个 n 次有限扩域. 根据定理 2, $F(\alpha)$ 是 F 的代数扩域, 即 E 是 F 的代数扩域.

由定理 2 的证明可以得到以下重要的事实.

推论 2 设 $F(\alpha)$ 是 F 的一个单代数扩域, 而 α 在 F 上的极小多项式的次数是 n, 则 $F(\alpha)$ 是 F 的一个 n 次扩域.

定理 4 设 $E = F(\alpha_1, \alpha_2, \cdots, \alpha_n)$, 其中每一个 α_i 都是域 F 上的代数元, 则 E 是 F 的有限扩域, 因而 E 是 F 的代数扩域.

证明 我们采用数学归纳法证明.

(1) 当 $n = 1$ 时, 由定理 3, 定理显然成立.

(2) 假设当我们只添加 $n-1$ 个元 $\alpha_1, \alpha_2, \cdots, \alpha_{n-1}$ 于 F 时, 定理成立, 也就是说, 假设 $F(\alpha_1, \alpha_2, \cdots, \alpha_{n-1})$ 是 F 的有限扩域. 现在来证明 $F(\alpha_1, \alpha_2, \cdots, \alpha_n)$ 的情形. 我们知道,

$$F(\alpha_1, \alpha_2, \cdots, \alpha_n) = F(\alpha_1, \alpha_2, \cdots, \alpha_{n-1})F(\alpha_n).$$

由于 α_n 是 F 上的代数元, 所以它也是 $F(\alpha_1, \alpha_2, \cdots, \alpha_{n-1})$ 的代数元. 因此 $F(\alpha_1, \alpha_2, \cdots, \alpha_n)$ 是 $F(\alpha_1, \alpha_2, \cdots, \alpha_{n-1})$ 的单代数扩域. 由推论 2, $F(\alpha_1, \alpha_2, \cdots, \alpha_n)$ 是 $F(\alpha_1, \alpha_2, \cdots, \alpha_{n-1})$ 的有限扩域. 再由

$$F \subseteq F(\alpha_1, \alpha_2, \cdots, \alpha_{n-1}) \subseteq F(\alpha_1, \alpha_2, \cdots, \alpha_n),$$

根据定理 1, $F(\alpha_1, \alpha_2, \cdots, \alpha_n)$ 是 F 的有限扩域, 又由根据定理 2, 它是 F 的代数扩域.

注 1 一般情况下, 在 $E = F(\alpha_1, \alpha_2, \cdots, \alpha_n)$ 中, 添加的代数元的个数与扩张的次数并不一定相等. 如, $\mathbf{C} = \mathbf{R}(i)$, 添加的代数元的个数为 1, 但 $(\mathbf{C} : \mathbf{R}) = 2$.

推论 3 一个域 F 上的两个代数元的和、差、积与商(分母不为零)仍是 F 上的代数元.

我们已经知道, 添加有限个代数元于 F 所得到的扩域是代数扩域, 那如果我们添加任意个代数元于 F 得到的扩域又如何呢?

定理 5 设非空集合 S 只含域 F 上的代数元, 且 $E = F(S)$, 则 E 是 F 的代数

扩域.

证明 对 $\forall \beta \in F(S)$，有

$$\beta = \frac{f_1(\alpha_1, \alpha_2, \cdots, \alpha_n)}{f_2(\alpha_1, \alpha_2, \cdots, \alpha_n)},$$

其中 $\alpha_1, \alpha_2, \cdots, \alpha_n \in S$，$f_1$ 和 $f_2 \neq 0$ 是 F 上这些 α 的多项式. 这样 $\beta \in F(\alpha_1, \alpha_2, \cdots, \alpha_n)$. 因 $\alpha_1, \alpha_2, \cdots, \alpha_n$ 是 F 上的代数元，于是由定理 4，β 是 F 上的代数元，从而 E 是 F 的代数扩域.

但应注意，当 S 是无限集时，只能保证 $F(S)$ 是 F 的代数扩域，但却不能保证是 F 的有限扩域.

例 3 设 $S = \{\sqrt{2}, \sqrt[3]{2}, \sqrt[4]{2}, \cdots\}$，则由于 S 中每个元素都是有理数域 $\mathbf{Q}$ 上的代数元，故由定理 5 知，$\mathbf{Q}(S)$ 是有理数域 $\mathbf{Q}$ 的代数扩域，但它却不是 $\mathbf{Q}$ 上的有限扩域. 事实上，如果 $(\mathbf{Q}(S) : \mathbf{Q}) = n$，则由于在 $\mathbf{Q}$ 上的极小多项式是 $x^{n+1} - 2$，故 $(\mathbf{Q}(\sqrt[n+1]{2}) : \mathbf{Q}) = n + 1$，$(\mathbf{Q}(S) : \mathbf{Q}) = n$ 相矛盾. 因此，$\mathbf{Q}(S)$ 是 $\mathbf{Q}$ 的一个无限扩域.

这就是说，代数扩域不一定是有限扩域，即定理 2 的逆定理不成立.

§4 多项式的分裂域

我们都知道，代数基本定理告诉我们，任何复系数的 n 次多项式在复数域 $\mathbf{C}$ 内都有 n 个根，换一句话说，每个复系数的 n 次多项式在复数域 $\mathbf{C}$ 内都能分解为一次因子的乘积. 而上节中我们已经学过，对任意域 F 及 $F[x]$ 中首项系数为 1 的不可约多项式 $f(x)$，总存在 F 的扩域 E，使得域 E 包含 $f(x)$ 的根. 现在我们进一步问，对任意域 F 及 $F[x]$ 中次数 $\geqslant 1$ 的多项式 $f(x)$，是否存在 F 的扩域 E，使得域 E 包含 $f(x)$ 的全部根，即 $f(x)$ 在 E 中能分解为一次因式的乘积：

$$f(x) = a_0(x - \alpha_1)(x - a_2)\cdots(x - a_n),$$

为此我们来讨论多项式的分裂域.

若是一个域 E 上的一元多项式环 $E[x]$ 中的每个多项式都可以分解为一次因式的乘积，那么 E 显然就不再有真正的代数扩域，这样的一个域称为**代数闭域**.

定义

设 $f(x)$ 是域 F 的 $n(n \geqslant 1)$ 次多项式，E 是 F 的一个扩域，若

(1) $f(x)$ 在 E 中可以分解为一次因子的积：

$$f(x) = a_n(x - \alpha_1)(x - a_2)\cdots(x - a_n) \quad (\alpha_i \in E);$$

(2) 在一个小于 E 的中间域 $I(F \subseteq I \subseteq E)$ 中，$f(x)$ 不能这样地分解.

则称 E 在 F 上的一个**分裂域**(或**根域**).

按照这个定义，E 是一个使得 $f(x)$ 能够分解为一次因子的积的 F 的最小扩域.

例 1 $f(x) = x^2 - 2$ 是有理数域 $\mathbf{Q}$ 上的多项式，而 $f(x)$ 在 $\mathbf{Q}(\sqrt{2})$ 中能分解为一次因式的乘积：

$$f(x) = x^2 - 2 = (x - \sqrt{2})(x + \sqrt{2}),$$

但在 $\mathbf{Q}(\sqrt{2})$ 与 $\mathbf{Q}$ 之间没有异于 $\mathbf{Q}(\sqrt{2})$ 的中间域，即没有 $\mathbf{Q}(\sqrt{2})$ 的真子域能够使得 $f(x)$ 分解成一次因式的积，故 $\mathbf{Q}(\sqrt{2})$ 是 $f(x) = x^2 - 2$ 的分解域.

我们先看一看一个多项式的分裂域的性质.

定理 1   设 E 是域 F 上的多项式 $f(x)$ 的一个分裂域，且

$$f(x) = a_n(x - \alpha_1)(x - a_2)\cdots(x - a_n) \quad (\alpha_i \in E), \tag{1}$$

那么 $E = F(\alpha_1, \alpha_2, \cdots, \alpha_n)$.

证明   我们有

$$F \subseteq F(\alpha_1, \alpha_2, \cdots, \alpha_n) \subseteq E,$$

并且在 $F(\alpha_1, \alpha_2, \cdots, \alpha_n)$ 中，$f(x)$ 已经能够分解成 (1) 的形式. 因此根据定义 1，有

$$E = F(\alpha_1, \alpha_2, \cdots, \alpha_n)$$

根据这个定理，如果有 F 上的多项式 $f(x)$ 的分裂域 E 存在，那么 E 正好是把 $f(x)$ 的根添加于 F 所得的扩域. 因此，我们把多项式的分裂域也称为它的根域. 现在我们证明多项式的分裂域的存在性.

定理 2   给定域 F 上一元多项式环 $F[x]$ 的一个 n 次多项式 $f(x)$，则 $f(x)$ 在 F 上的分裂域 E 一定存在.

证明   假设在 $F[x]$ 中，

$$f(x) = f_1(x)g_1(x),$$

其中 $f_1(x)$ 是首项系数为 1 的不可约多项式，那么存在一个域

$$E_1 = F(\alpha_1),$$

而 α_1 在 F 上的极小多项式是 $f_1(x)$.

在 E_1 中 $F(\alpha_1) = 0$，所以 $x - \alpha_1 \mid f(x)$，因此在 E_1 中，

$$f(x) = (x - \alpha_1)f_2(x)g_2(x),$$

其中 $f_2(x)$ 是 $E_1[x]$ 首项系数为 1 的不可约多项式. 这样，存在一个域

$$E_2 = E_1(\alpha_2) = F(\alpha_1)F(\alpha_2) = F(\alpha_1, \alpha_2),$$

而 α_2 在 E_1 上的极小多项式是 $f_2(x)$.

在 $E_2[x]$ 中，

$$f(x) = (x - \alpha_1)(x - \alpha_2)f_3(x)g_3(x),$$

其中 $f_3(x)$ 是 $E_2[x]$ 的首项系数为 1 的不可约多项式.这样我们又可以利用 $f_3(x)$ 来得到域 $E_3 = F(\alpha_1, \alpha_2, \alpha_3)$，使得在 $E_3[x]$ 中，

$$f(x) = (x - \alpha_1)(x - \alpha_2)(x - \alpha_3)f_4(x)g_4(x),$$

这样一步一步地我们可以得到域

$$E = F(\alpha_1, \alpha_2, \cdots, \alpha_n),$$

使得在 $E[x]$ 中，

$$f(x) = a_n(x - \alpha_1)(x - \alpha_2)\cdots(x - \alpha_n).$$

例 2 复数域 $\mathbf{C} = \{a + bi \mid a, b \in \mathbf{R}\}$ 是 $x^2 + 1$ 在实数域 $\mathbf{R}$ 上的一个分裂域，而 $\bar{\mathbf{C}} = \{(a, b) \mid a, b \in \mathbf{R}\}$ 也是 $x^2 + 1$ 在实数 $\mathbf{R}$ 上的一个分裂域，其中，

$$(a, b) + (c, d) = (a + c, b + d), \quad (a, b)(c, d) = (ac - bd, ad + bc).$$

这是由于在实数域的基础上建立复数的方法不同而产生了不同的分裂域.但是我们知道，$\mathbf{C}$ 与 $\bar{\mathbf{C}}$ 是同构的.

从上例可以看出看，对于域 F 上一个多项式 $f(x)$ 来说，$f(x)$ 在 F 上的分裂域当然有可能是不同的，但是这些分裂域都同构.因此，在同构的意义下，$f(x)$ 的分裂域是唯一的.要证明这一点，我们需要两个引理.

引理 1 设 L 和 $\bar{L}$ 是两个同构的域，那么多项式环 $L[x]$ 和 $\bar{L}[x]$ 也同构.

证明 设

$$\phi : a \to \bar{a}$$

是 L 与 $\bar{L}$ 的同构映射，我们规定一个 $L[x]$ 到 $\bar{L}[x]$ 的映射

$$\phi : \sum a_i x^i \to \sum \bar{a}_i x^i.$$

ϕ 显然是 $L[x]$ 与 $\bar{L}[x]$ 的一一映射.同时对 $\forall f(x), g(x) \in L[x]$，有

$$\phi : f(x) = \sum a_i x^i \to \sum \bar{a}_i x^i = \bar{f}(x),$$

$$g(x) = \sum b_i x^i \to \sum \bar{b}_i x^i = \bar{g}(x),$$

那么

$$\sum (a_i + b_i)x^i \rightarrow \sum \overline{(a_i + b_i)}x^i = \sum (\bar{a}_i + \bar{b}_i)x^i,$$

$$f(x) + g(x) \rightarrow \bar{f}(x) + \bar{g}(x);$$

$$\sum_k \left(\sum_{i+j=k} a_i b_j \right) c^k \rightarrow \sum_k \left(\sum_{i+j=k} \overline{a_i b_j} \right) x^k = \sum_k \left(\sum_{i+j=k} \bar{a}_i \bar{b}_j \right) x^k,$$

$$f(x)g(x) \rightarrow \bar{f}(x)\,\bar{g}(x).$$

所以 ϕ 是同构映射.

在上述同构映射 ϕ 之下, $L[x]$ 的一个不可约多项式的象显然是 $\bar{L}[x]$ 的一个不可约多项式.

引理 2 设 L 和 $\bar{L}$ 是两个同构的域, $p(x)$ 是 $L[x]$ 的一个首项系数为 1 的不可约多项式, $\bar{p}(x)$ 是与 $p(x)$ 对应的 $\bar{L}[x]$ 的不可约的多项式. 又设 $L(\alpha)$ 与 $\bar{L}(\bar{\alpha})$ 各是 L 与 $\bar{L}$ 的单扩域, 满足条件 $p(\alpha) = 0$ 和 $\bar{p}(\bar{\alpha}) = 0$. 那么存在 $L(\alpha)$ 与 $\bar{L}(\bar{\alpha})$ 的一个同构映射, 并且这个同构映射能够保持原来 L 与 $\bar{L}$ 之间的同构映射.

证明 设 $p(x)$ 的次数是 n, 那么 $\bar{p}(x)$ 的次数也是 n. 设

$$\phi: a \rightarrow \bar{a}$$

是 L 与 $\bar{L}$ 的同构映射, 我们规定一个 $L[x]$ 到 $\bar{L}[x]$ 的映射

$$\phi: \sum_{i=0}^{n-1} a_i \alpha^i \rightarrow \sum_{i=0}^{n-1} \bar{a}_i \bar{\alpha}^i,$$

则 ϕ 显然是 $L[\alpha]$ 与 $\bar{L}[\alpha]$ 的一一映射. 同时对 $\forall f(\alpha) = \sum_{i=0}^{n-1} a_i \alpha^i$, $g(\alpha) = \sum_{i=0}^{n-1} b_i \alpha^i \in L[\alpha]$, 由于

$$\sum_{i=0}^{n-1} (a_i + b_i)\alpha^i \rightarrow \sum_{i=0}^{n-1} \overline{(a_i + b_i)}\bar{\alpha}^i = \sum_{i=0}^{n-1} (\bar{a}_i + \bar{b}_i)\bar{\alpha}^i,$$

有 $$f(\alpha) + g(\alpha) = \bar{f}(\bar{\alpha}) + \bar{g}(\bar{\alpha}).$$

我们知道

$$f(\alpha)g(\alpha) = r(\alpha),$$

其中, $f(x)g(x) = q(x)p(x) + r(x)$.

由引理 1 得

$$\bar{f}(x)\,\bar{g}(x) = \bar{q}(x)\bar{p}(x) + \bar{r}(x),$$

$$\bar{f}(\bar{\alpha})\,\bar{g}(\bar{\alpha}) = \bar{r}(\bar{\alpha}),$$

因此 $$f(\alpha)g(\alpha) = r(\alpha) \rightarrow \bar{r}(\bar{\alpha}) = \bar{f}(\bar{\alpha})\,\bar{g}(\bar{\alpha}).$$

所以 ϕ 是 $L[\alpha]$ 与 $\bar{L}[\alpha]$ 的同构映射. 显然, ϕ 能保持原来的 L 与 $\bar{L}$ 的同构映射.

现在我们证明一个多项式的分裂域的唯一性.

定理 3　设 F 与 $\bar{F}$ 是同构的域, $f(x)$ 是 F 上的 $n(\geqslant 1)$ 次多项式, $\bar{f}(x)$ 是 $f(x)$ 在引理 1 的意义下对应的多项式. 又假设

$$E = F(\alpha_1, \alpha_2, \cdots, \alpha_n) \text{ 是 } f(x) \text{ 在 } F \text{ 上的一个分裂域;}$$

$$\bar{E} = \bar{F}(\beta_1, \beta_2, \cdots, \beta_n) \text{ 是 } \bar{f}(x) \text{ 在 } \bar{F} \text{ 上的一个分裂域,}$$

那么在 E 与 $\bar{E}$ 间存在一个同构映射 ϕ, ϕ 能保持 F 与 $\bar{F}$ 的同构映射, 并且可以分别调换 α_i 和 β_j 的次序, 使在 ϕ 之下,

$$\alpha_i \leftrightarrow \beta_i.$$

证明　因为 $F \cong \bar{F}$, 假设对于 $k < n$, 我们能够分别调换 α_i 和 β_j 的次序, 使得

$$L = F(\alpha_1, \alpha_2, \cdots, \alpha_k) \cong \bar{F}(\beta_1, \beta_2, \cdots, \beta_k) = \bar{L},$$

这个同构映射能够保持 F 与 $\bar{F}$ 的同构映射, 并且在这个同构映射之下,

$$\alpha_i \leftrightarrow \beta_i \quad (i = 1, 2, \cdots, k).$$

设在 $L[x]$ 中,

$$f(x) = (x - \alpha_1)(x - \alpha_2) \cdots (x - \alpha_k) p_k(x) g_k(x),$$

这里 $p_k(x)$ 是 $L[x]$ 的一个首项系数为 1 的不可约多项式. 由引理 1, 在 $\bar{L}[x]$ 中,

$$\bar{f}(x) = (x - \beta_1)(x - \beta_2) \cdots (x - \beta_k) \bar{p}_k(x) \bar{g}_k(x),$$

而 $\bar{p}_k(x)$ 是 $\bar{L}[x]$ 的一个首项系数为 1 的不可约多项式.

在 $F(\alpha_1, \alpha_2, \cdots, \alpha_n)$ 和 $\bar{F}(\beta_1, \beta_2, \cdots, \beta_n)$ 里, 因子

$$p_k(x) g_k(x) \text{ 和 } \bar{p}_k(x) \bar{g}_k(x)$$

进一步分解为 $(x - \alpha_{k+1}) \cdots (x - \alpha_n)$ 和 $(x - \beta_{k+1}) \cdots (x - \beta_n)$, 分别调换 $\alpha_{k+1}, \cdots, \alpha_n$ 和 $\beta_{k+1}, \cdots, \beta_n$ 的次序, 不妨假设

$$p_k(\alpha_{k+1}) = 0, \ \bar{p}_k(\beta_{k+1}) = 0,$$

于是由引理 2,

$$L(\alpha_{k+1}) = F(\alpha_1, \alpha_2, \cdots, \alpha_{k+1}) \cong \bar{F}(\beta_1, \beta_2, \cdots, \beta_{k+1}) = \bar{L}(\beta_{k+1}).$$

这个同构映射保持 F 与 $\bar{F}$ 的同构映射, 并且在这分同构映射下,

$$\alpha_i \leftrightarrow \beta_i \quad (i = 1, 2, \cdots, k+1).$$

分裂域的存在定理告诉我们, 域 F 上多项式 $f(x)$ 在 F 的某一个扩域里一定有 n 个

根.分裂域的唯一性告诉们,虽然域 F 上的多项式 $f(x)$ 在两个不同的分裂域中各有一组根,但抽象地来看,它们没什么区别.

例 3 多项式 x^6+1 在 $\mathbf{Q}$ 上的分裂域,就是把多项式 x^6+1 的所有根添加到得到的扩域.因为

$$x^6+1=(x^2+1)(x^4-x^2+1),$$

这样多项式 x^6+1 的根为

$$x_{1,2}=\pm\mathrm{i},\ x_{3,4}=\pm\frac{1-\sqrt{3}\,\mathrm{i}}{2i},\ x_{5,6}=\pm\frac{1+\sqrt{3}\,\mathrm{i}}{2i}.$$

所以, $Q(x_1,x_2,x_3,x_4,x_5,x_6)=Q(\sqrt{3},\mathrm{i})$ 为 x^6+1 的分裂域,且 $(Q(\sqrt{3},\mathrm{i})\colon Q)=4$.

这样,给了任何一个域 F 和 F 上一个 n 次多项式 $f(x)$,我们总可以谈论 $f(x)$ 的 n 个根.因此,分裂域的理论在一定意义下可以代替之前提过的代数基本定理.在域 F 上的一个多项式 $f(x)$ 的分裂域中,并不是只有 $f(x)$ 可以分解成一次因子的乘积.我们有以下重要的定理:

定理 4 设 E 是多项式 $f(x)$ 在域 F 上的分裂域,而 β 是 E 的一个任意元.那么 β 在 F 上的极小多项式在 E 中分解为一次因子的乘积.

证明 设 $f(x)$ 在域 F 上的分裂域是

$$E=F(\alpha_1,\alpha_2,\cdots,\alpha_n).$$

假设 β 在 F 上的极小多项式 $g(x)$ 不能在 $E[x]$ 里分解为一次因子的乘积.那么在 $E[x]$ 中,

$$g(x)=(x-\beta)p(x)g_i(x).$$

而 $p(x)$ 是 $E[x]$ 中首项系数为 1 的不可约多项式,且 $p(x)$ 的次数 $m>1$.作单扩域

$$E(\beta')=F(\alpha_1,\alpha_2,\cdots,\alpha_n,\beta'),$$

使得 $p(\beta')=0$.我们看一看 $F(\beta')$,由于

$$g(\beta')=(\beta'-\beta)p(\beta')g_1(\beta')=0.$$

根据 §2 定理 4,有

$$F(\beta')\cong F(\beta),$$

因而由定理 1,有

$$F(\beta')[x]\cong F(\beta)[x].$$

而且在这个同构映射之下

$$f(x) \leftrightarrow f(x).$$

这样,由定理 3,$f(x)$ 在 $F[\beta']$ 上的分裂域与 $f(x)$ 在 $F[\beta]$ 上的分裂域同构.但 $F(\beta', \alpha_1, \cdots, \alpha_n)$ 是 $f(x)$ 在 $F[\beta']$ 上的一个分裂域而 $F(\beta, \alpha_1, \cdots, \alpha_n)$ 是 $f(x)$ 在 $F[\beta]$ 上的一个分裂域.因此

$$F(\beta', \alpha_1, \cdots, \alpha_n) \cong E(\beta, \alpha_1, \cdots, \alpha_n),$$
$$(F(\beta', \alpha_1, \cdots, \alpha_n) : F) = (E(\beta, \alpha_1, \cdots, \alpha_n) : F).$$

但是我们显然有

$$(F(\beta', \alpha_1, \cdots, \alpha_n) : F) = (E(\beta') : E)(E : F) = m(E : F),$$
$$(F(\beta, \alpha_1, \cdots, \alpha_n) : F) = (E : F).$$

由于 $m > 1$,矛盾.

§5 有 限 域

有限域是一类重要的域,它在实验设计和编码理论中都有应用,有限域的结构主要是利用分裂域的理论来讨论确定的.

定义

只含有限个元素的域称为**有限域**.

例如,以素数 p 为模的剩余类环 $(\mathbf{Z}_p, +, \cdot)$ 是一个有限域,其中元素最少的域是 $(\mathbf{Z}_2, +, \cdot)$,只有 0 和 1 两个元素,运算规则是:$0+1=1,1+1=0$ 等,就是计算机的二进制运算.

显然,特征是 p 的素域就是一个有限域.另一方面,一个有限域的特征一定是一个素数 p,不然的话,该有限域所含的素域有无限多个元,而它就不可能是一个有限的域.

下面看一看有限域的性质.

定理 1 设 E 是一个有限域,若 $\operatorname{char} E = p$,则 E 有 p^n 个元素,即 $|E| = p^n$,其中 n 是 E 在它的素域上的次数.

证明 记 E 的素域为 Δ.因 E 是有限域,则 E 的特征一定是一个素数 p.因为 E 只含有限个元,所以它一定是 Δ 的一个有限扩域,而 $(E : \Delta) = n$.即把 E 看成 Δ 上的 n 维向量空间,取 E 的一组基 $\alpha_1, \cdots, \alpha_n$,则 E 的每一元可以唯一地写成

$$a_1 \alpha_1 + a_2 \alpha_2 + \cdots + a_n \alpha_n \quad (a_i \in \Delta)$$

的形式.由于 Δ 只有 p 个元,所以对于每一个 a_i 有 p 种选择法,因而 E 有 p^n 个元.

例 1　设 E 是有限域,char $E=2$,且含有素域 $\mathbf{Z}_2=\{0, 1\}$.若 $(E:\mathbf{Z}_2)=2$,则 E 是 4 元域.

定理 2　设有限域 E 的特征是素数 p,Δ 是 E 所含的素域,而 $|E|=q=p^n$,那么 E 是多项式

$$x^q-x$$

在 Δ 上的分裂域.任何两个这样的域都同构.

证明　E 的所有非零元 E^* 关于 E 的乘法构成一个群,这个群的阶是 $q-1$,单位是 1,所以

$$\alpha^{q-1}=1 \quad (\alpha \in E^*).$$

由于 $0^q=0$,所以有

$$\alpha^q=\alpha \quad (\alpha \in E).$$

这表明,域 E 中的元都是多项式 $f(x)=f(x)$ 的根.

因此,设 E 中所有元素为 $\alpha_1, \cdots, \alpha_q$,于是在 $E[x]$ 中,有

$$x^q-x=(x-\alpha_1)(x-\alpha_2)\cdots(x-\alpha_q),$$

即 x^q-x 在 E 中分解为一次因式的乘积,故

$$E=\Delta(\alpha_1, \cdots, \alpha_q).$$

这样,E 是多项式 x^q-x 在 Δ 上的分裂域.

但特征为 p 的素域都同构,而多项式 x^q-x 在同构的域上的分裂域也同构,所以任何有 p^n 个元素的有限域都同构.

若 p 是素数,$n \geqslant 1$,那么是否一定有含有 p^n 个元的有限域存在?

定理 3　设 Δ 是特征为 p 的素域,那么多项式 $x^{p^n}-x(n\geqslant 1)$ 在 Δ 上的分裂域 E 是一个含有 p^n 个元的有限域.

证明　设 $E=\Delta(\alpha_1, \alpha_2, \cdots, \alpha_{p^n})$,其中 α_i 是 $f(x)=x^{p^n}-x$ 在域 E 中的根.由于 char $E=p$,所以 $f(x)$ 的导数

$$f'(x)=p^n x^{p^n-1}-1=-1.$$

所以 $(f(x), f'(x))=1$.这样,由第 4 章 §6 推论 2,$f(x)$ 的 p^n 个根都不相同,即 $f(x)$ 无重根.

现在我们证明,$f(x)$ 的 p^n 个根构成的集合 E_1 是 E 的一个子域.因为,若 $\alpha_i, \alpha_j \in E_1$,即 $\alpha_i^{p^n}=\alpha_i$,$\alpha_j^{p^n}=\alpha_j$,于是有

$$(\alpha_i - \alpha_j)^{p^n} = \alpha_i^{p^n} - \alpha_j^{p^n} = \alpha_i = \alpha_j,$$

$$\left(\frac{\alpha_i}{\alpha_j}\right)^{p^n} = \frac{\alpha_i^{p^n}}{\alpha_j^{p^n}} = \frac{\alpha_i}{\alpha_j} \quad (\alpha_j \neq 0).$$

这就是说，$\alpha_i - \alpha_j$ 和 $\dfrac{\alpha_i}{\alpha_j}(\alpha_j \neq 0)$ 仍是 $f(x)$ 的根而都属于 E_1，因而 E_1 是 E 的一个子域.

又由于 E 包含 Δ，也含 $\alpha_1, \cdots, \alpha_{p^n}$，所以 E_1 就是多项式 $x^q - x$ 在 Δ 上的分裂域，这样 $E = E_1$，且 E_1 含有 p^n 个元.

所以，抽象地来看，若给了素数 p 和正整数 n，那就有而且只有一个恰好含 p^n 个元的有限域存在.

例 2　存在含有 81 个元素的有限域，但不存在含有 100 个元素的有限域.

实际上，因为 $81 = 3^4$，取 $p = 3$，$n = 4$，故存在含有 81 个元素的有限域；但因为 100 不是任何素数的方幂，所以不存在含有 100 个元素的有限域.

至此，所谓有限域的存在，必须针对素数 p 以及正整数 n 构成的方幂 p^n 而言，不是含有任何有限个元的有限域都存在.

我们知道，单扩域是比较容易掌握的一种扩域.现在我们进一步证明，一个有限域一定是它所含素域的一个单扩域.我们先证明

引理　设 G 是一个有限交换群，而 m 是 G 的元的阶中最大的一个，那么 m 能被 G 的每一元的阶整除.

证明　记 G 中元 $|d| = m$，假设 G 中元 $|c| = n$，且 $n \nmid m$，那么存在素数 p，使得

$$m = p^i m_1 \quad ((p, m_1) = 1),$$
$$n = p^j n_1 \quad (j > i),$$

于是

$$a = d^{p^i} \text{ 的阶是 } m_1,$$
$$b = c^{n_1} \text{ 的阶是 } p^j,$$

则

$$|ab| = p^j m_1 > m.$$

这与 m 是 G 的元的阶中最大的假设矛盾.

定理 4　一个有限域 E 是它的素域 Δ 的一个单扩域.

证明　设 E 含有 q 个元.E 的非零元 E^* 对于 E 的乘法来说作成一个交换群，且 $|E^*| = q - 1$.设 m 是 E^* 的元的阶中最大的一个，那么由引理 1，对 $\forall \alpha_i \in E^*$，有

$$\alpha_i^m = 1,$$

这就是说,多项式 $x^m - 1$ 至少有 $q-1$ 个不同的根.因此

$$m \geqslant q - 1,$$

但由第 2 章 §8 定理 3,有

$$m \leqslant q - 1,$$

得 $m = q - 1$,这就是说,存在 $\alpha \in E^*$,满足 $| \alpha | = q - 1$,因而 E^* 是一个循环群,即

$$E^* = (\alpha).$$

这样,E 是添加 α 于 Δ 所得的单扩域:

$$E = \Delta(\alpha).$$

但是,若 $E = \Delta(\alpha)$,却未必有 $E^* = (\alpha)$.**例如**,设 Δ 是特征为 3 的素域.考虑多项式

$$f(x) = x^9 - x = (x^4 + 1)(x^2 + 1)x,$$

在 Δ 的分裂域 E,则 E 含有 9 个元,即 $f(x)$ 的全部根.由于 Δ 中的元都不是 $x^2 + 1$ 的根,所以 $x^2 + 1$ 是 Δ 上的一个不可约多项式.设 $x^2 + 1$ 在 E 中的一个根为 α,那么

$$\Delta(\alpha) \subseteq E.$$

又因为 $\Delta(\alpha)$ 含有 9 个元,则

$$\Delta(\alpha) \subseteq E,$$

故 $E = \Delta(\alpha)$,且 $E^* = 8$.但 $\alpha^2 = -1$,而 $\alpha^2 = 4$,故 α 不是循环群 E^* 的生成元,即 $E^* \neq (\alpha)$.

习　题

一、单项选择题

1. 实数域是在(　　)上建立起来的.

　　A. 有理数域　　　　　B. 复数域　　　　　　C. 实数域　　　　　　D. 整数环

2. 下列不是有理数域上的代数元的是(　　).

　　A. 7　　　　　　　　B. i　　　　　　　　C. $\sqrt{5}$　　　　　　D. π

3. 下列等式不成立的是(　　).

　　A. $\mathbf{R}(i, 3i) = \mathbf{R}(i)(3i) = \mathbf{C}$　　　　　　　B. $\mathbf{R}(i)(3i) = \mathbf{C}$

　　C. $\mathbf{R}(i)(3i) = \mathbf{C}(3i)$　　　　　　　　　　D. $\mathbf{R}(i)(3i) = \mathbf{Q}$

4. 一个域 F 上的代数元是 α,下列关于 α 的极小多项式 $p(x)$ 说法正确的是(　　).

A. $p(x)$ 是唯一的

B. $p(x)$ 不可能整除 $F[x]$ 中以 α 为根的任一多项式

C. $p(x)$ 不是唯一的

D. $p(x)$ 可能是零多项式

5. 下列关于单扩域说法不正确的是( ).

A. 单扩域是最简单的扩域   B. 域的单扩域一定存在

C. 在同构的意义下,域的单扩域唯一   D. 域的单扩域不一定存在

6. 实数域 $\mathbf{R}$ 上的多项式 $f(x) = x^3 - 1$ 的分裂域是( ).

A. $\mathbf{R}(i)$ B. $\mathbf{R}(1)$

C. $\mathbf{R}(\sqrt{2})$ D. $\mathbf{R}\left[-\dfrac{1}{2} + \dfrac{\sqrt{3}}{2}i\right]$

7. 下列关于有限域说法不正确的是( ).

A. 有限域的非零元构成的乘群是循环群

B. 有限域是其素域的单扩域

C. 只含有有限个元素的域

D. 以素数为模的剩余类环不一定是有限域

二、填空题

1. 复数域是在它的子域 _____ 上建立起来的.

2. $\sqrt{2}$ 是实数域上的 _____ 元.

3. $\sqrt[n]{2}$ 是 $\mathbf{Q}$ 上的代数元, $\sqrt[n]{2}$ 的极小多项式是 _____.

4. $(\mathbf{C} : \mathbf{R}) = $ _____.

5. 添加元素 $\sqrt[3]{2}$ 于有理数 $\mathbf{Q}$ 域所得的扩域 $\mathbf{Q}(\sqrt[3]{2})$ 是 _____ 的扩域,且 $(\mathbf{Q}(\sqrt[3]{2}) : \mathbf{Q}) = $ _____.

6. 在同构的意义下, $f(x)$ 的分裂域是 _____.

7. 有限域的特征一定是一个 _____ 数.

三、简答题

1. 设 a 是一个正有理数, $\mathbf{Q}$ 是有理数域,那么等式

$$\mathbf{Q}(\sqrt{a}, i) = \mathbf{Q}(\sqrt{a+1})$$

是否成立?

2. 设 a 是一个正有理数, $\mathbf{Q}$ 是有理数域,那么等式

$$\mathbf{Q}(\sqrt{2}i, -\sqrt{2}i) = \mathbf{Q}(0)$$

是否成立?

3. 设 $\mathbf{Q}$ 是有理数域,给出扩张 $\mathbf{Q}(\sqrt[7]{2})$ 的代数结构.

4. 求有理数域 $\mathbf{Q}$ 的扩域 $\mathbf{Q}(\sqrt[3]{2}+\sqrt[3]{4})$ 在 $\mathbf{Q}$ 上的次数.

5. 求 $\sqrt{2}+\sqrt{3}$ 在有理数上的极小多项式.

6. 问 $\sqrt[3]{2}+\sqrt{5}$ 是 $\mathbf{Q}$ 上的代数元吗?

7. 设 F 是有理数域.复数 i 和 $\dfrac{2\mathrm{i}+1}{\mathrm{i}-1}$ 在 F 上的极小多项式各是什么

$$F(\mathrm{i}) \ \text{和} \ F\left(\frac{2\mathrm{i}+1}{\mathrm{i}-1}\right)$$

是否同构?

8. 域 $\mathbf{Q}(\sqrt{3})$ 与域 $\mathbf{Q}(\sqrt{-3})$ 是否同构? 为什么?

9. 求有理数域 $\mathbf{Q}$ 的单扩域 $\mathbf{Q}(\sqrt[5]{3})$ 的添加元 $\sqrt[5]{3}$ 的极小多项式?

10. 有理数域 F 上多项式 x^4+1 的分裂域是否是一个单扩域 $F(\alpha)$? 其中 α 是 x^4+1 的一个根.

11. 设 P 是一个特征为素数 p 的域,$F=P(\alpha)$ 是 P 的一个单扩域,而 α 是 $P[x]$ 的多项式 x^p-a 的一个根.$P(\alpha)$ 是不是 x^p-a 在 P 上的分裂域?

12. 设 $\mathbf{Q}$ 是有理数域,求 $f(x)=x^3-x^2-x-2$ 在 $\mathbf{Q}$ 上的分裂域.

13. 设 $\mathbf{Q}$ 是有理数域,求 $f(x)=x^3-2$ 在 $\mathbf{Q}$ 上的分裂域.

14. 一个有限域是否一定有比它大的代数扩域? 为什么?

15. 设 F 是一个素域,且 $\mathrm{char}\,F=2$,找出 $F[x]$ 中一切三次不可约多项式.

16. 设 F 是一个有限域,$\triangle$ 是它所含素域并且 $F=\triangle(\alpha).\alpha$ 是否必须是 F 的非零元所做成的乘群的一个生成元?

四、证明题

1. 证明:$F(s)$ 的一切添加的 s 有限子集于 F 所得子域的并集 $\bar{F}$ 是一个域.

2. 设 $\mathbf{Q}$ 是有理数域,证明:

$$\mathbf{Q}\left(\frac{1}{5},\sqrt{2}+3,7\sqrt{3}\right)=\mathbf{Q}(\sqrt{2},\sqrt{3}).$$

3. 设 E 是特征为素数 p 的一个域,证明:

$$\triangle=\{0,e,2e,\cdots,(p-1)e\}$$

构成 E 的一个子域,且为 E 中的素域,其中 e 是域 E 的单位元.

4. 设 α 是一个正有理数,$\mathbf{Q}$ 是有理数域,证明:

$$\mathbf{Q}(\sqrt{a}, i) = \mathbf{Q}(\sqrt{a} + i).$$

5. 证明：$\mathbf{Q}(4-i) = \mathbf{Q}(1+i)$.

6. 设 E 是域 F 的一个扩域,而 $\alpha \in F$. 证明：α 是 F 上的一个代数元,并且 $F(\alpha) = F$.

7. 证明：定理 3 中 α 在域 F 上的极小多项式是 $p(x)$.

8. 证明：定理 3 中的 $F(\alpha) = K$.

9. 设 E 是域 F 的一个代数扩域,而 α 是 E 上的一个代数元.证明：α 是 E 上的一个代数元.

10. 设 F、I 和 E 是三个域,并且 $F \subseteq I \subseteq E$. 若

$$(I : F) = m,$$

而 E 的元 α 在 F 上的次数是 n,并且 $(m, n) = 1$.

证明：α 在 I 上的次数也是 n.

11. 设域 F 特征不是 2,E 是 F 的一个扩域,并且

$$(E : F) = 4.$$

证明：存在一个满足条件 $F \subseteq I \subseteq E$ 的 F 的二次扩域 I 的充要条件是 $E = F(\alpha)$,而 α 在 F 上的极小多项式是

$$x^4 + x^2 + b.$$

12. 设 E 是域 F 的一个有限扩域,那么总存在 E 的有限个元 $\alpha_1, \alpha_2, \cdots, \alpha_n$,使

$$E = F(\alpha_1, \alpha_2, \cdots, \alpha_n).$$

13. 证明：实数域是有理数域的无限扩张.

14. 设 F 是有理数域,添加复数于 F 所得的扩域

$$E_1 = F\left(2^{\frac{1}{3}}, 2^{\frac{1}{3}}i\right),$$

$$E_2 = F\left(2^{\frac{1}{3}}, 2^{\frac{1}{3}}\omega i\right), \omega = \frac{-1+\sqrt{3}i}{2}, \omega^3 = 1.$$

证明：

(1) $\left(E_1 : F\left(2^{\frac{1}{3}}\right)\right) = 2$；   (2) $(E_1 : F) = 6$；

(3) $\left(E_2 : F\left(2^{\frac{1}{3}}\right)\right) = 4$；   (4) $(E_2 : F) = 12$.

15. 设 F 是有理数域,$x^3 - a$ 是 F 上一个不可约多项式而 α 是 $x^3 - a$ 的一个根.证明：$F(\alpha)$ 不是 $x^3 - a$ 在 F 上的分裂域.

16. 设 $p_1(x), p_2(x), \cdots, p_m(x)$ 是域 F 上 m 个最高系数为 1 的不可约多项式.证明：存

在 F 的一个有限扩域

$$F(\alpha_1, \alpha_2, \cdots, \alpha_m),$$

其中 α_i 在 F 上的极小多项式是 $p_i(x)$.

17. F 是一个含 p^n 个元的有限域. 证明: 对于 n 的每一个因数 $m > 0$, 存在并且只存在 F 的一个有 p^m 个元的子域 L.

参考文献

［1］ 张禾瑞.近世代数基础(修订本)[M].北京：高等教育出版社,1998.

［2］ Waerden, B. L. van der.Algebra Ⅰ[M].北京：世界图书出版公司,2007.

［3］ 冯克勤,李尚志,等.近世代数引论[M].合肥：中国科学技术大学出版社,2009.

［4］ Artin M..代数(原书第 2 版)[M].姚海楼,平艳茹,译.北京：机械工业出版社,2015.

［5］ 万哲先.代数导引[M].北京：科学出版社,2005.

［6］ 刘绍学,郭晋云,朱彬,等.环与代数(第二版)[M].北京：科学出版社,2009.

［7］ 吴品三.近世代数[M].北京：人民教育出版社,1979.

N	自然数集
Z	整数集(环)
Q	有理数集(域)
R	实数集(域)
C	复数集(域)
$A_1 \times A_2 \times \cdots \times A_n$	集合 $A_1 \times A_2 \times \cdots \times A_n$ 的积
2^A	集合 A 的幂集
$[a]$	元素 a 的等价类
$\lvert G \rvert$	群 G 的阶
$GL(F)$	域 F 上一般线性群
$SL(F)$	域 F 上特殊线性群
$\lhd$	正规子群或理想
(S)	由集合 S 生成的子群或理想
(a)	由元素 a 生成的子群或理想
$\sim$	同态
$\cong$	同构
$E(A)$	集合 A 的全体——变换构成的变换群
S_n	n 次对称群
An	n 次交代群
$(i_1 i_2 \cdots i_k)$	k -循环置换
$C(G)$	群 G 的中心
$C(S)$	群中子集 S 的中心化子
$C(R)$	环 R 的中心
$\ker \phi$	同态 ϕ 的核
$[G : H]$	子群 H 在群 G 中的指数
$\mathbf{Z}_n$	模 n 的剩余类加群或模 n 的剩余类环

$Z[i]$	高斯(Gauss)整数环
End G	加群 G 的自同态环
char R	环 R 的特征
$R[x]$	环 R 上的一元多项式环
$(E:F)$	扩域 E 在子域 F 上的次数

名词索引

图书在版编目（CIP）数据

近世代数/郭茜，吴桂康主编.—上海：华东师
范大学出版社，2018
ISBN 978 - 7 - 5675 - 8614 - 7

Ⅰ.①近… Ⅱ.①郭… ②吴… Ⅲ.①抽象代数
Ⅳ.①O153

中国版本图书馆 CIP 数据核字(2018)第 291617 号

近世代数

主　　编　郭　茜　吴桂康
项目编辑　李　琴
特约审读　徐红君
版式设计　庄玉侠
封面设计　俞　越

出版发行　**华东师范大学出版社**
社　　址　上海市中山北路 3663 号　邮编 200062
网　　址　www.ecnupress.com.cn
电　　话　021 - 60821666　行政传真 021 - 62572105
客服电话　021 - 62865537　门市(邮购)电话 021 - 62869887
地　　址　上海市中山北路 3663 号华东师范大学校内先锋路口
网　　店　http://hdsdcbs.tmall.com/

印 刷 者　昆山市亭林彩印厂有限公司
开　　本　787×1092　16 开
印　　张　11.50
字　　数　239 千字
版　　次　2019 年 5 月第 1 版
印　　次　2019 年 5 月第 1 次
书　　号　ISBN 978 - 7 - 5675 - 8614 - 7/G · 11715
定　　价　35.00 元

出 版 人　王　焰

(如发现本版图书有印订质量问题,请寄回本社客服中心调换或电话 021 - 62865537 联系)